궤도의
다시 만난
과학자

EBS 제작팀 기획 | 궤도 지음

YoungJin.com Y.
영진닷컴

궤도의
다시 만난 과학자

Copyright ⓒ EBS All rights reserved.

All rights reserved. First published by Youngjin.com. in 2025. Printed in Korea
저작권법에 의하여 한국 내에서 보호를 받는 저작물이므로 무단 전재와 무단 복제를 금합니다.
이 책에 언급된 모든 상표는 각 회사의 등록 상표입니다.
또한 인용된 사이트의 저작권은 해당 사이트에 있음을 밝힙니다.

ISBN 978-89-314-8078-8

독자님의 의견을 받습니다.
이 책을 구입한 독자님은 영진닷컴의 가장 중요한 비평가이자 조언가입니다. 저희 책의 장점과 문제점이 무엇인지, 어떤 책이 출판되기를 바라는지, 책을 더욱 알차게 꾸밀 수 있는 아이디어가 있으면 팩스나 이메일, 또는 우편으로 연락주시기 바랍니다. 의견을 주실 때에는 책 제목 및 독자님의 성함과 연락처(전화번호나 이메일)를 꼭 남겨 주시기 바랍니다. 독자님의 의견에 대해 바로 답변을 드리고, 또 독자님의 의견을 다음 책에 충분히 반영하도록 늘 노력하겠습니다.

주 소 : (우)08512 서울특별시 금천구 디지털로9길 32 갑을그레이트밸리 B동 10층 (주)영진닷컴
이메일 : support@youngjin.com

※ 파본이나 잘못된 도서는 구입처에서 교환 및 환불해드립니다.

STAFF
저자 궤도 | **기획** EBS 제작팀 | **총괄** 김태경 | **진행** 김서정 | **디자인** 강민정 | **편집** 김효정
영업 박준용, 임용수, 김도현, 이윤철 | **마케팅** 이승희, 김근주, 조민영, 김민지, 김진희, 이현아
제작 황장협 | **인쇄** 제이엠

일러두기

– 이 책은 EBS에서 방영된 〈나의 두 번째 교과서〉시즌 2 방송으로 구성된 도서입니다.
– 이 책에 수록된 인용문은 원문을 저자가 번역하여 수록했습니다.

프롤로그

과학, 좋아하시나요?
시간을 거슬러 올라가 중학교, 고등학교 때는 과학을 좋아하셨나요?

제가 등장하는 콘텐츠를 애청하는 분들이라면 자신 있게 "네, 좋아해요!"라고 대답하실 겁니다. 사실 몇 년 전만 해도 과학을 좋아한다고 말하는 분들이 많지 않았지만, 이제 주변을 살펴보면 과학을 향한 문턱이 많이 낮아졌다는 걸 느낍니다. 과학이 조금씩 세상을 바꾸고 있고, 세상이 조금씩 우리를 바꾸고 있다는 뜻이죠.

하지만 여전히 과학을 멀리하는 분도 계실 거예요. "과학은 수식이 많고 복잡해서 너무 어려워"라고 말이죠. 특히 깊은 학문의 영역으로 들어갈수록 '수포자'들이 속출하면서 자연스럽게 과학과 거리를 두는 경우를 종종 봤습니다.

아직도 과학의 세계에 발을 들이지 않은 여러분께, 저는 축하드리며 진심으로 영광이라고 말씀드리고 싶습니다. 왜냐고요? 여러분은 과학의 진짜 재미를 처음 마주했을 때만 느낄 수 있는 경이로움과 벅차오름을 느낄 수 있고, 제가 그 시작에 함께해드릴 수 있기 때문입니다. 더욱이 이 책을 펼쳤다면 이미 과학의 문턱에 발을 성큼 디딘 셈이죠.

시즌 1에서는 물리, 화학, 생명과학, 지구과학이라는 4가지 파트로 나눠 교과서에는 찾기 힘들었던 과학 이야기를 전해드렸는데요. 과학이라는 방대한 학문을 어떻게 재미있게 전해드릴까 고심하다 보니, 하나라도 더 알려드리고 싶은 마음이 커졌습니다. 그래서 만반의 준비를 하고 시즌 2로 돌아왔죠. 지난번에는 과학 이론을 최대한 재미있게 풀어드렸지만, 사실 과학자 없이는 이런 과학 이론도 없었을 겁니다. 그래서 시즌 2의 주인공은 바로 '과학자'입니다.

이 책에는 '궤도 PICK' 과학자들의 이야기를 듬뿍 담았습니다. 과학 교과서에서 한 번쯤 들어본 분도, 교과서에서 잘 다루지 않는 분도 함께 소개하고 있죠. 사실 역사 속 모든 과학자를 전부 담고 싶었는데, 그럴 수 없으니 어떤 과학자를 담고 빼야 할지 오래 고심

했습니다. 제가 신경 써서 선별한 과학자들의 서사를 읽으며 익숙한 이름 뒤의 낯선 이야기, 낯선 이름 뒤의 익숙한 이야기로 흥미를 느껴보시길 바랍니다.

이 책의 묘미는 과학자 두세 명 간 펼쳐지는 '케미'입니다. 케미는 화학이죠. 물론 물질 간의 화학 반응처럼 잘 어울리는 조합도 있지만, 이 책에서는 과학 이론을 두고 평생을 바쳐 경쟁하고 대립하는 이야기가 많습니다. 날카로운 신경전이 흥미진진하고 최후의 승자가 누구일지 기대하면서 읽을 수 있는데요. 중요한 건 서로 싸우고 대립함으로써 과학이 발전할 수 있었다는 거예요. 과학자들의 서사가 과학적 업적으로 연결된다는 점을 이 책에서 꼭 말하고 싶었습니다.

저는 '만약 내가 과학자들이 살던 시대에 존재했다면, 이들의 이야기를 어떻게 사람들에게 전할 수 있었을까?'라고 상상하곤 했습니다. 마치 타임머신을 타고 과학자들이 활약하던 과거로 돌아간 듯한 기분으로 말이죠. 사실 단순히 과학 이론만 설명해서는, 과학이 지닌 깊은 재미와 감동을 온전히 전달하기 어렵습니다. 교과서가 다루지 않는, 과학자들의 숨은 이야기야말로 과학 이론이 세상에 나오기까지의 비밀을 밝혀내는 과정이니까요.

아인슈타인은 "지식보다 중요한 건 상상력이다"라고 말했습니다. 과학에서는 호기심을 갖고 질문을 많이 하는 것이 중요한데, 우리는 상상력을 기반으로 하는 질문을 부끄러워하고 망설이는 경우가 많습니다. 이 책을 통해 미지의 세계에 대해 궁금해하고 질문을 던지며 과학적인 발견을 이룬 과학자들을 만난다면 여러분도 새로운 영감을 얻을 수 있을 겁니다. 이들이 어떤 계기로 과학자의 길을 걷게 되었는지, 어떤 좌절과 깨달음을 겪었는지, 그리고 무엇이 그들을 끝내 포기하지 않게 만들었는지, 이 서사가 과학이라는 학문을 더 인간적이고 생생한 문화로 만들어줍니다.

세상에서 가장 흥미로운 여정 속으로 여러분을 다시 초대합니다.

목차

- 프롤로그 _04

1강 **과학에 보내는 러브레터**
칼 세이건 X 리처드 파인만 _08

2강 **양자역학의 탄생**
알베르트 아인슈타인 X 닐스 보어 _38

3강 **천문학의 혁명가들**
갈릴레오 갈릴레이 X 요하네스 케플러 _68

4강 **천재의 동의어들**
아이작 뉴턴 X 고트프리트 라이프니츠 X 로버트 훅 _94

5강 **화학의 아버지들**
앙투안 라부아지에 X 조지프 프리스틀리 _122

6강 생명 설계의 비밀
　　찰스 다윈 X 제니퍼 다우드나 X 에마뉘엘 샤르팡티에 _146

7강 전기의 마법사들
　　토머스 에디슨 X 니콜라 테슬라 _176

8강 미래에서 온 과학자들
　　앨런 튜링 X 존 폰 노이만 _204

9강 블랙홀의 연인
　　스티븐 호킹 _232

10강 세계에 남은 한국의 이름
　　이휘소 X 우장춘 _260

과학에 보내는 러브레터

칼 세이건
1934. 11. 09. ~ 1996. 12. 20.

리처드 파인만
1918. 05. 11. ~ 1988. 02. 15.

과학 커뮤니케이터인 제게는 롤 모델이 두 사람 있습니다. 과학의 대중화를 이끈 거인으로 꼽히는 칼 세이건Carl Sagan과 리처드 파인만Richard Feynman이죠. 지금까지도 베스트셀러의 자리를 차지하고 있는 〈코스모스〉의 저자로 유명한 칼 세이건, 그리고 재미있는 물리학 강의와 괴짜같은 성격으로 유명한 리처드 파인만. 이 두 사람이 과학의 대중화에 이바지한 이야기부터 첫사랑, 끝사랑 같은 사적인 이야기, 시작해 보겠습니다.

천문학 붐의 중심, 칼 세이건

금으로 도금된 LP 판을 본 적 있나요? 판에는 'THE SOUNDS OF EARTH', 즉 '지구의 소리'라고 적혀있습니다. 이 LP 판의 이름은 '골든 레코드'. 인류가 우주의 외계 지성체에게 보낸 유리병 편지입니다. 누가 받을지 모르는 이 편지에 지구의 이야기를 잔뜩 적어 우주에 보낸 것이죠. 판에는 55개국 언어의 인사말과 고래 울음소리, 천둥소리, 클래식 같은 소리와 다양한 인종의 어린이, 숲, 인간 해부도 이미지가 담겨 있다고 합니다. 오늘날의 외장하드 같은 기기인 것입니다.

1977년 당시, 이 LP 판이 외계 지성체에 도달해서 우리의 의도대로 재생될 확률을 높게 보는 과학자는 거의 없었습니다. 하지만 이 판에는 인류의 꿈이 있었습니다. 정확히 말하면 우주를 향한 과학자의 꿈이 담겨 있었다고 할 수 있죠.

도대체 어떤 과학자가 이런 걸 우주에 보낼 꿈을 꿨을까요? 바로 칼 세이건입니다.

과학의 고전 <코스모스>

칼 세이건은 <코스모스>라는 책과 다큐멘터리를 통해 아는 분들이 많을 겁니다. 과학계 부동의 베스트셀러이자 스테디셀러가 리처드 도킨스의 <이기적 유전자>, 그리고 칼 세이건의 <코스모스>일 정도로 유명한 책입니다.

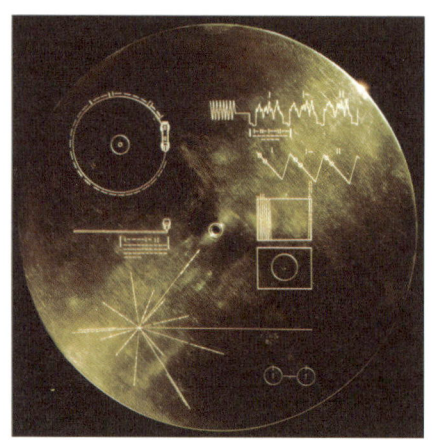
▲ 골든 레코드

〈코스모스〉는 칼 세이건의 30권이 넘는 저서 중 하나인데요. 1980년에 이 책과 13부작으로 구성된 다큐멘터리가 동시에 세상에 나오면서 전 세계에 천문학 붐이 일어났습니다. 특히 다큐멘터리〈코스모스〉는 칼 세이건이 기획, 대본 작성뿐 아니라 출연까지 한 작품입니다. 당시 전 세계 인구의 약 3%인 1억 4천만 명이 시청하면서 대박 난 다큐멘터리로 자리매김했죠. 드라마도 아니고 다큐멘터리인 것을 감안하면 정말 엄청난 기록입니다. 상상해 보세요. 친구들과 만나 어제 본 드라마가 아니라 천문학 이야기를 하는 풍경이라니, 〈코스모스〉의 인기가 얼마나 대단했는지 알 수 있겠죠.

"야, 너 〈코스모스〉 봤어? 망원경 얘기, 기가 막히더라."

요즘에 누가 친구와 밥 먹으면서 이런 과학 이야기를 하겠습니까? 하지만 〈코스모스〉가 인기를 끈 당시에 이런 광경이 펼쳐졌다는 겁니다. 이때 망원경 판매량이 급증했고, 천문학 동아리나 동호회가 생기기도 했죠. 또 천문대에 방문하는 사람도 늘고, 우주과학자를 장래

희망으로 정하는 학생도 많아졌다고 합니다. 지금 활동하는 천문학자 중에도 이 〈코스모스〉의 영향을 받은 사람들이 많을 겁니다.

다큐멘터리 〈코스모스〉는 미국 방송계의 아카데미상이라고 할 수 있는 에미상을 수상했습니다. 책도 SF 문학계의 노벨상으로 불리는 휴고상을 수상했죠. 〈코스모스〉를 사두기만 하고 아직 읽지 않은 분들도 계실 텐데요. 이 책은 단순한 과학책이 아닙니다. 과학이 주는 감동이 무엇인지 생생하게 전하는 책이죠.

칼 세이건은 〈코스모스〉뿐만 아니라 유명한 책을 많이 썼습니다. 그중 〈에덴의 용〉은 언론인이 받는 미국 최고 권위의 상인 퓰리처상을 수상했습니다. 이 책에는 인간의 지능과 뇌에 대한 내용이 담겨 있죠. '우주의 역사를 1년이라고 한다면 원시 인류는 12월 31일 밤 10시 반쯤에 나타났고, 중세부터 오늘에 이르는 역사는 마지막 1초에 불과하다.'라는 말이 바로 〈에덴의 용〉에 나오는 이야기입니다.

외계 생명체가 존재할 가능성

과학을 전문가가 아닌 일반인도 이해할 수 있도록 설명하고, 과학에 관심을 갖게 하는 건 정말 어려운 일입니다. 과학 커뮤니케이터로서 항상 느끼고 있는 바이죠. 그런데 칼 세이건은 그걸 할 수 있는 사람이었습니다.

여러분, 외계인은 존재할까요? 칼 세이건의 소설을 보면 그 실마리를 얻을 수 있습니다. 바로 1997년작 영화 〈콘택트〉의 원작인 칼 세이건의 SF소설 〈콘택트〉입니다. 소설에서는 외계에서 온 신호를 해석하려는 과학자들이 등장하죠. 비록 소설이긴 하지만, 칼 세이건이 실제로 한 일과 관련이 있습니다. 바로 그가 1984년부터 주도한 'SETI 프로젝트'죠. 이 프로젝트는 거대한 전파 망원경으로 외계 생명체의 전파를 감지해서 외계 지적 생명체와 소통하는 것을 목표로 하는 프로젝트입니다.

아마 외계 생명체를 믿지 않는 사람도 많을 겁니다. 그런데 칼 세이건이 누굽니까? LP 판에 메시지를 담아 외계 생명체에 보낸 사람이잖아요. 칼 세이건은 외계 생명체가 존재할 것이라고 믿었습니다.

물론 과학자들이 외계 생명체가 존재한다고 100% 믿는 것은 아닙니다. 저를 포함한 대부분의 천문학자들은 99.999%의 확률로 외계 생명체가 존재할 거라고 생각하죠. '이 드넓은 우주에 우리만 있다면 그것은 엄청난 공간 낭비다'라는 말, 들어보셨죠? 이 말이 바로 칼 세이건이 〈콘택트〉에 쓴 명대사입니다.

외계 생명체는 단순한 생명체와 지성체로 나뉘는데요. 일반적으로 다른 행성의 문명과 소통하는 능력을 보유한 존재를 외계 지성체, 즉 외계 지적 생명체로 분류합니다.

그렇다면 과연 외계에 지구인과 교신할 수 있는 지적 생명체가 있을까요? 칼 세이건은 '드레이크 방정식'이라는 복잡한 식을 계산해서 10억 개의 별 중 적어도 10개의 별에는 생명체가 존재할 가능성이 매우 높다고 주장했습니다. 드레이크 방정식은 칼 세이건과 함께 골든 레코드 제작에 참여했던 프랭크 드레이크Frank Drake라는 천문학자가 만든 방정식이죠.

이 방정식은 우리은하 안에 존재하는, 교신이 가능한 문명의 수를 추정하는 방정식인데요. 식은 아래와 같습니다.

은하에서의 항성이 탄생하는 평균적인 비율

x 항성이 행성을 가지는 비율

x 행성 중에서 생명체가 살 수 있는 행성의 수

x 그 행성에서 생명체가 태어날 확률

x 생명체가 지적 문명으로 진화할 확률

x 지적 문명이 통신 기술을 가질 확률

x 지적 문명이 실제로 존속하는 기간

참 복잡하죠? 물론 이 방정식을 과학의 범주에 넣을 수 있는지에 대해 과학자들 사이에서 의견이 갈리긴 합니다. 각각의 확률을 계산하기 어렵고, 결괏값의 오차 범위가 너무 크기 때문이죠. 그래서 이 방정식은 명확한 값을 내려는 목적이 아니라, 이런 과학적인 논의를 활발하게 펼치기 위해 던진 공식인 셈입니다. 만약 각각의 확률을 명확하게 알 수 있다면 이런 방법론으로 외계 지적 생명체의 수를 추측할 수 있으니까요.

이렇게 외계 생명체에 진심이었던 칼 세이건 덕분에 과학계에서 이 분야를 진지하게 연구하는 분위기가 조성됐습니다.

그런데 칼 세이건을 과학자가 아니라 과학책 작가로만 아는 사람들이 많습니다. 사실 칼 세이건은 과학계에 수많은 업적을 남긴 '진성 과학자'입니다. 뉴욕 코넬대학에서 30년간 천문학을 가르쳤고, 논문을 무려 600편이나 썼습니다. 특히 외계 생명체의 존재에 대한 연구와 인류가 살 수 있는 행성을 찾는 연구에 많은 업적을 남겼죠. '우주생물학의 아버지' 같은 분이랄까요? 외모가 너무 잘생겨서 뛰어난 연기력이 상대적으로 저평가되는 배우처럼, 과학을 대중화한 업적이 워낙 대단해서 학계에서의 업적이 묻혀버린 겁니다.

칼 세이건의 〈코스모스〉를 번역한 서울대학교 천문학부의 홍승수 교수도 처음에는 칼 세이건을 그렇게 좋아하지 않았다고 합니다. 아마도 칼 세이건이 과학 연구보다 다른 분야에 관심이 있는 사람이라고 생각했던 거겠죠.

그런데 홍승수 교수가 〈코스모스〉를 번역하면서 그가 과학적으로 탁월한 능력을 지녔다는 것을 알게 됐다고 합니다. 과학도 잘해, 글도 잘 써, 거기다 글도 정말 감동적이야, 키도 크고 얼굴도 잘생겼어, 목소리도 좋아. 그야말로 문·이과 통합형 인재입니다.

칼 세이건은 도대체 어떤 삶을 살았기에 이런 일들을 할 수 있었을까요?

25세 천체물리학 박사

칼 세이건은 1934년 뉴욕 브루클린에서 태어났습니다. 과학자 집안에서 태어난 건 아니었어요. 다만 어릴 때부터 별에 관심이 많았는데, 별에 대해 주변 사람들에게 물어봐도 '하늘에 반짝이는 불빛' 정도의 이야기만 들었죠.

그래서 칼 세이건은 도서관에 가서 궁금증에 대한 답을 찾았습니다. 그가 도서관을 얼마나 사랑했는지 〈코스모스〉에도 적혀있습니다. 이집트 알렉산드리아 도서관이 로마에 의해 전부 불타버렸다는 걸 굉장히 안타까워하는 대목이 나오죠.

저는 책 〈코스모스〉를 여러 번 읽었는데, 읽을 때마다 과학자가 한 권의 책에 도서관을 전부 담아 놓은 것 같다는 생각이 듭니다. 저는 도서관에 있는 책 중에서 단 한 권만 읽을 수 있다면 이 책을 읽을 것 같습니다.

도서관과 책을 사랑한 칼 세이건은 공부도 정말 잘했습니다. 무려 16세에 대학에 입학했는데, 나이가 너무 어려서 받아주는 대학이 많지 않아 시카고대학에 입학했죠. 그곳에서 물리학 석사과정을 마친 그는 25세에 천문학 및 천체물리학 박사학위를 받았습니다. 게다가 박사학위를 받기 전에 미국 항공우주국 NASA의 자문위원이 됐습니다. 젊을 때부터 굉장한 커리어를 쌓게 된 거죠.

지구는 창백한 푸른 점일 뿐

칼 세이건은 NASA 자문위원으로서 무인우주탐사선 연구에 많은 관여를 했는데요. 기본적으로 우주탐사에는 돈이 많이 드는데, 결국 그 돈은 세금이기 때문에 당국은 사람을 태워 보내는 것보다 가성비가 좋은 무인우주탐사선을 선호했습니다. 칼 세이건은 보이저, 매리너, 파이오니어, 갈릴레오, 바이킹 등 잘 알려진 우주탐사 프로젝트에

▲ 보이저 1호가 찍은 지구

참여했죠. 그중 현재 태양계의 경계까지 나아간 보이저호가 현재까지 가장 멀리 간 탐사선입니다. 지금까지 인류는 태양계 내부를 대부분 탐사했지만, 태양계 외부는 직접적으로 본 적이 없었죠.

지구를 '창백한 푸른 점'이라고 표현한 인물도 칼 세이건입니다. 1990년에 보이저 1호가 찍은 사진을 보고 쓴 표현인데요. 원래 탐사선은 지구 외 행성이나 우주를 찍지, 지구를 찍는 목적이 아닙니다. 그런데 칼 세이건은 지구의 사진을 찍자고 우겼죠.

당시에는 반대 의견이 많았습니다. 시간과 돈이 한정된 상황에서 탐사 목적과 상관없는 지구를 굳이 찍을 필요가 없다는 이유에서였습니다. 또 괜히 잘못 조작해서 카메라를 지구 쪽으로 돌리다가 장비에 이상이 생길 수도 있고요.

하지만 칼 세이건은 "아니, 세금으로 우주탐사를 지원한 납세자들에게 확실한 결과물을 보여줘야 하지 않겠어요? 사진 한 장이라도요"라고 이야기하며 설득했습니다. 결국 지구 사진을 찍는 데 성공했지만, 아폴로 17호가 찍은 '블루마블'처럼 선명하고 멋있게 나온 것은 아니었습니다.

그렇다면 이 지구 사진이 왜 유명해졌을까요? 그 이유는 칼 세이건이 이 사진에 대해 남긴 글 때문입니다. 아주 멋있는 글인데, 제가 한번 읽어보겠습니다.

> 이 빛나는 점을 보라.
> 그것이 바로 여기 우리 집, 우리 자신인 것이다.
> 우리가 사랑하는 사람, 아는 사람, 소문으로 들었던 사람
> 그 모든 사람은 그 위에 있거나, 또는 있었던 것이다.
> 우리의 기쁨과 슬픔, 숭상되는 수천 개의 종교, 이데올로기, 경제 이론, 사냥꾼과 약탈자, 영웅과 겁쟁이, 문명의 창조자와 파괴자, 왕과 농민, 서로 사랑하는 남녀, 어머니와 아버지, 앞날이 촉망되는 아이들, 발명가와 개척자, 윤리, 도덕의 교사들, 부패한 정치가들, 슈퍼스타, 초인적 지도지, 성자와 죄인 등
> 인류 역사에서 그 모든 것의 종합이 여기에 이 햇빛 속에 떠도는 먼지와 같은 작은 천체에 살았던 것이다.
> −《The Pale Blue Dot》 중

한 문단만 읽어도 여운이 길죠. 우주 속 작은 점에 불과한 지구 위에서 왜 우리는 서로를 보듬고 사랑하지 않을까? 왜 무의미한 것에 시간을 보낼까? 칼 세이건은 이러한 질문을 던진, 인류애가 큰 과학자였습니다. 이제 칼 세이건이 왜 인기가 많았는지 아시겠죠?

금성에서 화성으로

칼 세이건이 우주 연구에 남긴 업적을 마저 살펴보겠습니다.

먼저 금성 연구입니다. 밝고 아름다워서 영어 이름이 아름다움과 사랑의 여신 '비너스'입니다. 하지만 금성의 환경은 인류가 절대 살 수 없습니다. 이를 밝혀낸 과학자가 바로 칼 세이건이죠.

1950년대 초반만 해도 금성이 뜨겁다는 게 알려지지 않았어요. 그런데 1960년, 칼 세이건은 금성의 표면 온도가 지구와 달리 섭씨 400도까지 올라갈 정도로 아주 뜨거울 것이라는 가설을 세웠습니다. 그리고 1960년대부터 무인 탐사선이 직접적인 증거를 보내오면서 칼 세이건의 주장을 뒷받침했죠. 특히 소련의 베네라호가 금성 표면에 착륙해 사진을 보내왔는데요. 금성의 대기는 너무 뿌예서 가시거리도 측정하기 어려운 불지옥이었습니다. 금성이 뜨거운 이유는 금성 대기의 주성분인 이산화탄소가 수증기를 머금고 있어서 온실효과가 발생하기 때문입니다.

칼 세이건은 이런 금성의 모습을 통해 지구온난화를 경고했습니다. 또 전 지구인이 창백한 푸른 점일 뿐인 지구 위에서 다투지 말고 하나가 되어 화목하게 지구를 보존하는 게 중요하다고 생각했죠. 그리고 전 지구적인 공감대를 위해서는 과학을 대중화하는 게 정말 중요하다고 말했습니다.

요즘 일론 머스크가 화성으로 인간을 이주시키는 프로젝트를 추진하고 있죠. 화성을 인류가 살 수 있게 만들어서 100년 안에 100만 명을 이주시키겠다는 것인데요. 그런데 칼 세이건은 이러한 '테라포밍Terraforming', 즉 외계 행성을 지구처럼 인간이 살 수 있는 환경으로 만드는 게 가능하다는 연구를 무려 1960년대에 시작했습니다. 테라포밍이라는 말을 처음 만든 사람은 아니었지만요.

처음에는 화성이 아니라 금성을 테라포밍 하자고 주장했는데, 금성은 온실효과 때문에 엄청나게 뜨겁다고 했죠? 그래서 칼 세이건은 금성의 온실효과를 억제하기 위해 이런 제안을 했습니다. "아주 오래전에 지구에서 원시 조류가 산소를 만들어 냈던 것처럼, 금성에 조류를 뿌려서 인위적으로 대기 환경을 바꾸면 되지 않을까요? 그럼 생물도 살 수 있을 겁니다." 하지만 안타깝게도 오랜 시간 후에 금성에서는 어떤 미생물도 살아남기가 힘들다는 게 밝혀졌습니다. 그러자 칼 세이건은 1973년 화성도 테라포밍이 가능하다는 논문을 발표했습니다. 화성은 금성과 정반대로 매우 춥습니다. 기온이 영하 170도 이하라고 하죠. 그래서 역으로 화성에는 온실효과를 일으켜서 생명체가 살 수 있게 만들자고 주장했습니다.

자, 이 주장은 어떻게 됐을까요? 이 주장은 NASA가 받아들였습니다. 어렵긴 한데, 가능할 것 같다고 판단한 거죠. 금성은 너무 뜨겁지만 화성은 조금 쌀쌀한데, 견딜 만하겠다는 느낌입니다. 그 이후로 과학자들은 화성 개척을 본격적으로 연구하기 시작했습니다. 그러면 지금 일론 머스크도 칼 세이건이 제안한 방법으로 화성에 가겠다고 하고 있을까요?

그건 아닙니다. 일론 머스크는 미생물을 사용해서 대기 환경을 바꾸는 건 너무 오래 걸리니 수소 폭탄을 사용해서 화성 표면의 얼음을 한꺼번에 녹이는 방식으로 접근하고 있습니다. 하지만 이 방법은 방사선 피폭 문제가 있어서 쉽지 않을 것으로 보입니다.

칼 세이건의 꿈을 향해

칼 세이건이 시대를 앞서가는 지성이었다는 건 분명합니다. 칼 세이건이 관여했던 NASA의 무인우주탐사선들도 인간과 우주를 더 가깝게 만들어 줬죠. 1997년 카시니 하위헌스호가 토성과 그 위성을 탐사했는데, 칼 세이건의 아내였던 앤 드루얀Ann Druyan에 따르면 토성의 위성인 타이탄이야말로 칼 세이건이 한평생 꿈꿔온 천체라고 합니다. 칼 세이건은 아내보다 1년 전에 세상을 떠났는데, 앤 드루얀은 칼 세이건 사후에 찍힌 우주 영상 중 단 하나만 전해줄 수 있다면 해안선의 흔적이 보이는 타이탄의 사진을 고르겠다고 할 정도였죠. 타이탄을 탐사하는 NASA의 드래곤플라이 미션이 지금 진행 중이니, 우리가 모두 그 결과를 지켜봤으면 좋겠습니다.

또 수성과 목성에도 탐사선을 보냈습니다. 특히 목성의 주요 위성을 탐사하던 갈릴레이호가 위성인 유로파에 바다가 있을 수 있다는 데이터를 처음으로 검출했죠. 그래서 '생명은 지구에만 존재하는가?'라는 질문을 안고 2024년 10월에 유로파 클리퍼라는 탐사선이 유로파로 출발했습니다. 탐사선이 유로파에 도착하는 2030년 이후에 과연 어떤 결과가 나올지 저도 궁금하네요.

과학 커뮤니케이터, 리처드 파인만

훌륭한 과학자이자 뛰어난 과학 커뮤니케이터였던 칼 세이건만큼 대중이 과학을 사랑할 수밖에 없게 만든 과학자가 또 있습니다. 요즘저 같은 과학 커뮤니케이터가 많아지고 있는데요. 이들의 영향으로 과학이 재미있다고 하는 분들도 많아져서 참 뿌듯합니다.

그런데 예전엔 과학이라는 학문은 소수의 지성인과 전문가들의 전유물 같은 것이었습니다. 그래서 과거에 과학을 널리 알리려고 했던 분들이 제게 유독 뭉클하게 다가옵니다. 오늘날 발전소에서 전기를 만들어 우리가 사용할 수 있게 해준 위대한 과학자 마이클 패러데이Michael Faraday가 대표적인 당시의 과학 커뮤니케이터죠. 또 BBC 자연 다큐멘터리에 자주 등장하고 영국에서 기사 작위까지 받은 데이비드 애튼버러David Attenborough 경도 있고요. 현재에도 활발하게 활동하는 브라이언 콕스Brian Cox와 닐 타이슨Neil Tyson 등 대중과 소통하는 훌륭한 과학자들이 많습니다.

이번에는 강력한 팬덤을 보유한 우리 형님, 리처드 파인만을 소개합니다.

칼 세이건이 인문학적인 감수성과 마음의 울림으로 과학을 전파했다면, 리처드 파인만은 비유와 유머를 통해서 과학을 전파한 사람입니다.

리처드 파인만은 대학에서 물리학을 가르치는 교수였습니다. 무려 20대 중반에 교수가 된 천재였죠. 캘리포니아 공과대학에서 교수 생활을 하며 책을 여러 권 집필했습니다. 특히 현장 강의가 재미있기로 유명해서 강연을 책으로 많이 냈는데요. 코넬대학에 있을 때 강연 내용을 책으로 엮은 〈물리법칙의 특성〉 시리즈는 영국 BBC 채널에서 방영될 정도로 반응이 좋았습니다.

또 〈파인만의 물리학 강의〉라는 3권의 책 시리즈도 유명합니다. 1권이 고전역학, 2권이 전자기학, 3권이 양자역학에 대한 책이죠. 지금까지도 물리학 전공자에게 많이 팔린다고 합니다.

파인만은 자전적인 책도 꽤 썼는데요. 〈파인만 씨 농담도 잘하시네〉가 가장 유명하고, 〈남이야 뭐라고 하건〉이라는 책도 있습니다. 제목만 봐도 자유분방하고 장난을 좋아한다는 느낌이 들죠.

실제로 그의 성격은 독특했습니다. 기행에 가까운 특이한 에피소드가 많죠. 프린스턴대학 교수로 임용됐을 때는 학교 근처에 숙소를 잡지 못해서 나뭇잎을 덮고 자려고 했다가, 교수 체면 때문에 참았던 적도 있습니다. 개가 발자국 냄새로 사람을 구별하는 것 같으니까, 사람도 그렇게 할 수 있는지 본인이 직접 기어 다니면서 실험해 보기도 했습니다. 상당한 기인인 것 같죠?

사실은 파인만은 떡잎부터 남달랐습니다. 파인만은 칼 세이건보다 16년 전, 똑같이 뉴욕시에서 태어났는데요. 특히 수학을 잘했는데, 적분을 자신만의 방식으로 독학해서 남들과 다른 방식으로 계산했다고 합니다. 또 파인만은 47세가 되던 1965년, 노벨물리학상을 수상했습니다. 대부분 60세쯤에 받는 노벨상을 47세에 받았으니, 초년부터 얼마나 승승장구했는지 알 수 있죠.

양자컴퓨터를 떠올리다

자, 그럼 리처드 파인만이 어떤 위대한 업적을 남겼는지 알아보겠습니다. 요즘 과학계의 주요 키워드 중 하나가 '양자컴퓨터'입니다.

양자컴퓨터는 기존 컴퓨터로는 불가능한 아주 복잡한 계산을 단숨에 처리할 수 있는 컴퓨터입니다. 보통 컴퓨터보다 처리 기능이 뛰어난 고성능 컴퓨터인 슈퍼컴퓨터보다 훨씬 뛰어난 성능을 가지고 있는데, 슈퍼컴퓨터로도 몇백 년 걸릴 계산을 몇 초 만에 해결할 수 있을 거라고 합니다.

양자컴퓨터로는 신약이나 신소재를 개발하고 암호를 해독하며 기후를 예측하는 광범위하고 복잡한 계산이 필요한 분야가 급격하게 발전할 수 있습니다. 이렇게 미래 기술 전쟁의 핵심이 양자컴퓨터다 보니, 빅테크 기업들이 다 같이 뛰어들어 투자하는 상황입니다.

이런 양자컴퓨터의 개념을 처음 제시한 인물이 바로 리처드 파인만입니다. 1981년, 파인만은 MIT에서 열린 학회에서 이런 말을 했습니다.

> "자연은 분명 양자역학적입니다.
> 그렇다면 우리도 양자역학적 컴퓨터를 만들어야 하지 않을까요?
> 그래야 자연을 좀 더 정확히 시뮬레이션할 수 있을 테니까요."

당시 파인만이 제안한 이 아이디어가 오늘날 양자컴퓨터 개발의 기본 원리가 되고 있습니다.

양자컴퓨터에 대해 좀 더 설명해 보겠습니다. 우리가 쓰는 컴퓨터가 비트, 즉 0과 1을 사용한다는 건 아시죠? 그런데 파인만은 이미 정해진 결괏값을 갖는 비트가 아닌, 새로운 개념의 '큐비트'를 사용하는 컴퓨터를 만들자고 한 겁니다. 비트는 0과 1 중에서 하나의 값만 가질 수 있지만, 큐비트는 0과 1이 중첩되어 있는 상태를 가질 수 있기 때문입니다. 그러니까 기존 컴퓨터는 이진법으로 경우의 수를 순서대로 계산하는데, 큐비트를 쓰면 중첩된 상태로 동시에 계산할 수 있습니다. 아주 작은 입자들까지 복잡한 계산을 훨씬 빠르고 정확하게 계산할 수 있다는 거죠. 한 마디로 현실 세계는 매우 복잡하기 때문에 완벽한 계산을 위해서는 더 뛰어난 컴퓨터가 필요하다는 뜻입니다.

양자컴퓨터는 게임에서 등장하는 기계 같기도 하고, 1940년대에 나온 컴퓨터 에니악처럼 조금 무서운 느낌도 있습니다. 사실 양자컴퓨터는 예전부터 연구돼왔고, 상업용 양자컴퓨터가 나온 지도 5년이 넘었습니다. 하지만 집에서 쓸 정도로 보급하기엔 아직 한참 멀었습니다.

에니악은 50평 규모에 무게가 30톤이나 나갔습니다. 하지만 지금은 에니악보다 좋은 컴퓨터를 손바닥에 놓고 들고 다니지 않습니까? 양자컴퓨터도 언젠간 상용화되겠죠. 물론 양자컴퓨터는 기존의 컴퓨터와는 아예 다른 개념이다 보니 이해가 쉽진 않습니다. 이 개념은 컴퓨터과학의 아버지라고 불리는 인물들과 함께 다른 편에서 좀 더 자세히 다뤄보겠습니다.

어려운 과학을 쉽게 설명하다

그런데 파인만이 과학 커뮤니케이터로 사랑받은 데는 중요한 이유가 하나 있습니다. 보통 어려운 개념은 쉽게 설명하기가 어렵거든요. 그런데 파인만은 어려운 개념들을 흥미롭고 쉽게 알리기 위해서 노력을 많이 했습니다. 자서전에도 '기진맥진할 정도로 강의 준비를 했다'라고 적었을 정도죠. '당신이 무언가를 6세 아이에게 설명할 수 없다면, 그것을 제대로 이해하지 못한 것이다'라는 말을 하기도 했습니다. 자기가 한 말에 떳떳하기 위해서 얼마나 노력했을지 상상할 수 있는 대목이죠.

파인만은 스스로 정확하게 이해하고 있는지 파악하는 걸 중요하게 여겼습니다. 스스로를 속이는 게 가장 쉬우니 자신을 속이지 말라는 말도 했어요. 우리가 무언가를 배울 때, 알 듯 말 듯 할 땐 개념을 안다고 생각하면 안 된다는 것입니다. 파인만의 강연을 보면 '제일 잘하는 사람이 가장 쉽게 알려주는' 듯한 재미가 있습니다.

예를 들어, 파인만은 불에 대해 설명하면서 '불'이라는 단어를 언급하지 않았습니다. 그럼 불에 대해 어떻게 설명했는지, 제가 파인만이 했던 설명을 그대로 따라해 보겠습니다.

먼저 마찰에 대해 생각해 봅시다. 양손을 비비면 따뜻해지는데 왜 열이 날까요? 손은 매우 많은 원자로 되어 있는데, 양손을 비비면 원자들이 서로 부딪치며 열이 생기기 때문입니다. 원자들이 서로를 끌어당기는 정도는 다양합니다. 가령 공기 중에 있는 산소는 탄소 옆에 있는 것을 좋아해서 이 두 원자를 가까이 두면 서로 찰싹 붙습니다. 하지만 충분히 가깝지 않으면 서로 멀찍이 떨어져 있어서 붙을 수 없죠.

나무 땔감 안에는 탄소가 있습니다. 공기 중의 산소 원자가 이 탄소 원자를 때려도 처음에는 그리 센 힘이 아닙니다. 서로 튕길 뿐 아무 일도 생기지 않아요. 하지만 땔감을 가열하면 몇몇 산소 원자들이 빨리 움직여서 꼭대기로 올라갑니다. 그 산소 원자들은 탄소 원자들에게 가까이 다가가 찰싹찰싹 때려서 휘청휘청 흔들리게 만듭니다. 그래서 연쇄적으로 다른 탄소 원자들을 빨리 움직이게 만들어 언덕을 올라가게 하고, 산소 원자는 다른 탄소 원자들과 충돌하여 엄청난 사태가 발생합니다. 그 사태가 바로 '불'이죠.

'불'이라는 단어는 마지막에 한 번만 말하지만 땔감에 불이 붙는 원리를 머릿속으로 그림을 그리는 것처럼 상상하게 되면 이해가 잘 되죠.

이렇게 쉬운 설명에 대한 파인만의 집념은 결국 그에게 노벨물리학상을 안겨줬습니다. 파인만은 어떤 공로로 노벨상을 수상했을까요?

바로 '파인만 다이어그램'이라고 불리는 도형으로 양자전기역학이라는 개념을 확립한 공로를 인정받아 수상했습니다. 파인만 다이어그램은 또 무엇일까요?

우선 양자역학은 눈에 보이지 않는 작은 입자들로 이루어진 미시세계가 어떻게 작동하는지 설명하는 현대 물리학 이론을 뜻합니다. 파인만 이전에는 전기와 자기현상이라 불리는 것들을 양자역학과 잘 접목하지 못했습니다. 그런데 그걸 파인만이 쉽게 도식화해서 설명한 겁니다. 한마디로 전자기 현상 및 대부분의 힘이 관여하는 상황에서 아주 작은 입자들의 상호작용이 어떻게 이루어지는지를 그림으로 직관적으로 보여준 거죠. 이 다이어그램 덕분에 아주 복잡했던 계산을 쉽게 할 수 있게 됐습니다.

물론 우리가 이해하기 어려운 개념입니다. 살짝만 설명을 드리자면, 물질과 반물질이 만나면 사라지면서 빛 감마선을 방출하는데요. 이 현상을 '쌍소멸'이라고 합니다. 파인만 다이어그램은 이 과정을 보

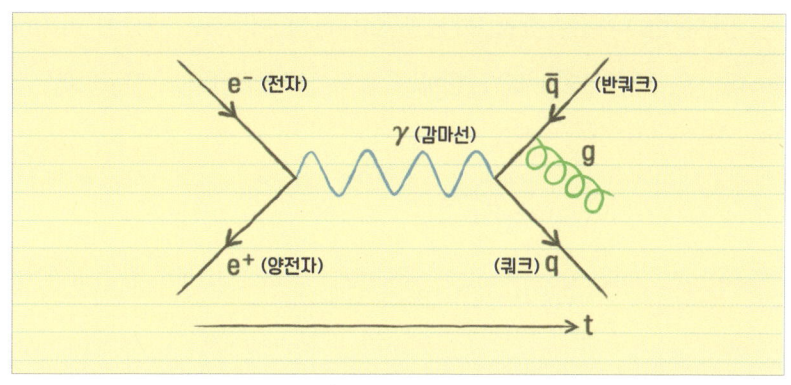

▲ 파인만 다이어그램

여주는 그림이에요.

물질인 전자(e^-)와 반물질인 양전자(e^+)가 만나서 감마선(γ)을 만들고, 그 감마선이 다시 물질인 쿼크(q)와 반물질인 반쿼크($\bar{q}$)로 바뀝니다. 반쿼크는 다시 글루온(g)을 방출하죠. 쉽게 말해서 입자들의 파티인 것입니다.

가면무도회가 열린다고 해봅시다. 무도회에 초대받은 전자는 가면을 쓰고 파티에 가겠죠. 그런데 전자의 파트너인 양전자도 초대를 받은 거예요. 전자와 양전자가 가면을 쓰고 있습니다. 이 둘은 원래 서로 만나면 안 되는데, 서로 너무 좋아해서 보이면 바로 만나서 춤추다가 사라집니다. 파티장을 두고 바로 사라져서 어디 갔는지 모르는 겁니다.

그러다가 갑자기 감마선이 등장합니다. 파티가 다 끝났는데 집에 갈 때 보니까 아까 가면을 쓰고 들어온 전자와 양전자는 안 보이고 전혀 다른 가면을 쓴 두 친구가 무도회장에서 나오는 겁니다. 이들이 쿼크와 반쿼크입니다. 처음 무도회에 들어왔던 친구들과 전혀 다른 친구들이 나오는 거죠. 개념을 이해하기 어렵죠? 세상에 이해하기 어려운 게 두 가지 있다면 바로 우리들의 인생과 노벨물리학상을 받은 연구라는 말이 있습니다. 물리학 전공자가 아닌 이상 연구를 봐도 이해가 안 되는 게 정상입니다.

파인만은 이 어려운 개념을 강의 중에 칠판에 그림을 그리면서 공개했는데, 그 순간 강의실에서 박수가 터져 나왔습니다. 그만큼 이는 과학자들 사이에서 대단한 일이었죠. 복잡한 양자역학적 계산 과정이나 물리학 실험 결과를 바로 이 다이어그램으로 설명할 수 있기 때문에 이는 대단한 발견이었습니다.

그런데 파인만의 특이한 성격은 노벨상을 수상할 때도 잘 드러났습니다. 스위스 대사관에서는 노벨상 수상자들에게 수상 소식과 함께 축하한다고 연락을 돌립니다. 보통 이 전화가 새벽에 오죠. 자다가 새벽에 전화벨 소리를 듣고 일어난 파인만은 대뜸 "여보세요. 지금 몇 시입니까? 이 시간에 왜 전화하는 거예요?"라고 짜증냈다고 합니다. 게다가 노벨상 수상 연설에서도 "내가 왜 이 상을 받는지 모르겠다"라고 말했습니다.

파인만이 겸손해서 그런 걸까요? 그렇지 않습니다. 파인만이 평소에 과학을 대하는 태도를 보면 이해가 가는데, 그는 물리학을 그저 즐거운 놀이라고 생각했죠. 식당에서 동료가 장난으로 던진 접시가 돌아가는 걸 보면서 '어, 만약 접시가 전자라면 어떻게 움직일까?'라고 생각한 것을 계기로 다이어그램을 떠올렸다고 합니다. 천재의 머릿속은 정말 대단합니다.

리처드 파인만은 학생들의 눈높이에서 과학을 설명하려고 노력했습니다. 대표적인 일화 중 하나로 챌린저호 참사의 원인을 밝혀낸 것이 있죠.

1986년 1월, 우주왕복선 챌린저호가 발사 도중 공중에서 폭발해 탑승하고 있던 7명의 우주 비행사가 사망했습니다. 당시 사고 원인을 규명하기 위한 조사단이 만들어졌는데, 파인만도 참여하게 됐죠. 사건을 조사하던 파인만은 문제가 아주 사소한 데 있었다는 것을 알아차렸습니다. 챌린저호의 연결 부분에 사용된 원형 고무 패킹인 오링O-ring에 문제가 있었던 것이죠.

고무 재질인 오링은 기온이 떨어지면 탄력성을 잃어 딱딱하게 굳을 수 있었습니다. 오링이 굳어버리면 로켓을 발사할 때 연료가 새어 나와서 로켓이 폭발할 수 있는 것이죠. 당시 파인만은 이를 증명하기 위해 복잡한 데이터를 보여주지 않고, 아주 간단한 실험을 준비했습니다. 청문회장에 고무링과 유리컵 얼음을 갖고 와서 얼음물에 고무링을 넣고 힘을 줘서 당기는 실험을 했죠. 차가워서 언 고무링은 늘어난 상태에서 다시 원래대로 돌아가지 않았습니다.

노벨물리학상 수상자가 이렇게 간단한 실험을 보여준 덕분에 대중은 챌린저호 폭발의 원인이 무엇이었는지 단번에 이해할 수 있었습니다. 보통 대형 참사가 벌어지면 가장 근본적인 문제가 뭐였는지 규명하기 어렵습니다. 또 대중 앞에서 눈치 보지 않고 양심적으로 말하는 것도 쉽지 않죠. 그런데 파인만은 그런 사람이었습니다. 고무가 차가워지면 굳는다는 것을 실험 하나로 보였죠. 대중의 눈높이에서 설명하는 게 어떤 건지 잘 보여준 사례라고 할 수 있습니다.

이렇게 칼 세이건과 리처드 파인만에 대한 몇 가지 이야기들을 들려드렸습니다. 우리와 너무 다른 세상을 살아가는 사람 같기도 하죠. 이제 두 사람의 말랑한 사생활 이야기도 좀 해보겠습니다.

두 과학자의 러브스토리

이 두 사람이 과학을 세상에 알리는 데만 몰두한 것 같지만, 틈틈이 운명적인 사랑도 했습니다. 심지어 칼 세이건은 결혼을 무려 세 번 했습니다. 첫 번째 아내 린 마굴리스Lynn Margulis는 세포의 진화를 획기적인 연구한 대단한 생물학자였습니다. 두 번째 아내 린다 잘츠만Linda Salzman은 예술가로, 칼 세이건과 책을 같이 쓰고 골든 레코드 프로젝트에 그림으로 참여했습니다. 이 프로젝트에서 레코드에 어떤 소리를 넣을지 고민하던 또 다른 여성 앤 드루얀이 나중에 칼 세이건의 세 번째 아내가 됩니다. 두 번째 아내와 세 번째 아내 사이에 양자역학적인 중첩이 있는 것 같죠? 하지만 관측하는 그 순간에는 그 아내만 사랑하는 겁니다. 아시겠죠?

아무튼 마지막 아내인 앤 드루얀은 칼 세이건의 영원한 동반자가 되었습니다. 앤은 세이건이 인생에 중요한 업적을 남길 때마다 함께 했죠. 앤이 바로 다큐멘터리 〈코스모스〉의 PD였습니다. 영화 〈콘택트〉도 앤이 공동 제작했죠. 프로듀싱뿐만 아니라 글솜씨도 뛰어나서 두 사람이 책 여러 권을 같이 썼다고 합니다.

칼 세이건이 앤을 얼마나 사랑했는지 책 〈코스모스〉에서도 확인할 수 있는데요. 그는 책 서문에 앤을 위한 헌사를 남겼습니다.

광대한 우주, 무한한 시간 속에서

당신과 같은 시간, 같은 행성 위에 살아가는 것을 기뻐하며.

역시 과학자 중에서는 천문학자가 가장 낭만적인 것 같네요.

앤은 사랑을 이어가듯이 칼 세이건이 세상을 떠난 후에도 〈코스모스〉 후속작으로 다양한 콘텐츠를 만들었습니다. 이런 게 바로 정말 시공간을 넘어 우주가 맺어준 인연 아닐까요?

칼 세이건은 '끝사랑' 일화가 가장 유명하다면 리처드 파인만은 '첫사랑'이 가장 유명합니다. 파인만도 결혼을 세 번 했는데요. 파인만은 15세 때 1살 어린 알린Arline Greenbaum이라는 여성을 처음 만났습니다. 그 뒤로 몇 년간 연애하다가 결혼하기 전에 알린이 결핵에 감염되고 말았죠. 당시에는 결핵이 치료가 어렵고 전염성이 높은 질병이었습니다. 파인만의 부모님은 결혼을 반대했어요. 하지만 파인만은 시한부 연인과 둘만의 결혼식을 올립니다.

알린은 결혼식 직후 요양원에 들어갔습니다. 두 사람이 결혼하던 당시 파인만이 맨해튼 프로젝트에 합류할 때라, 리더였던 오펜하이머가 맨해튼 프로젝트가 이루어지는 곳 근처로 요양원을 옮겨줬습니다. 덕분에 파인만은 주말마다 요양원에 가서 아내를 볼 수 있었죠. 하지만 안타깝게도 결혼 4년 만에 알린은 세상을 떠났습니다.

파인만은 그 이후로 바람둥이같이 방탕한 생활을 했는데요. 죽은 알린에게 보낸 가슴 아픈 편지가 파인만 사후에 공개됐습니다.

당신이 죽은 후에도 당신을 사랑한다는 것이 무엇을 의미하는지 내 마음으로 이해하기가 어렵습니다.

그러나 나는 여전히 당신을 위로하고 돌보고 싶습니다.

죽은 당신은 살아있는 그 누구보다 훨씬 낫습니다.

추신: 우편으로 보내지 않은 것을 양해해 주시기 바랍니다.

하지만 새 주소를 모르겠습니다.

-《Cosmos》 중

찡하면서 감동적이죠. 파인만은 알린을 그만큼 사랑했던 겁니다.

과학 커뮤니케이터로서의 사명

이렇게 사랑마저 열심히 했던 두 과학자. 이 둘은 평생 사랑뿐 아니라 과학이 가진 의미에 대해서도 진지하게 고민했습니다. 두 사람은 과연 과학의 가치를 무엇이라 생각했을까요? 대체 왜 이렇게 과학을 널리 알리려고 한 것일까요?

먼저 칼 세이건이 쓴 책 〈악령이 출몰하는 세상〉을 보면 과학에 대한 그의 가치관을 엿볼 수 있습니다. 이 책은 1990년대에 미국과 세계에서 퍼지던 반지성주의에 대해 경고하기 위해 쓴 책입니다. 그 당시엔 외계인이 지구인 1억 명을 납치했다던가, 버뮤다 삼각지대에 괴생명체가 살아서 인간이 실종된다던가 하는 미스터리를 믿는 사람이 많았습니다. 칼 세이건은 이런 음모론부터 초능력, 점성술 등 유사 과학을 믿는 반지성주의를 '악령'이라고 칭했습니다. 사람들이 잘못된 믿음을 가지면 사회가 위험해질 수 있기 때문이죠. 코로나 19 바이러스가 유행하던 때, 백신이 개발돼 접종을 시작할 때도 음모론이 돌았죠. 백신 접종이 권력자들이 정신을 조작하기 위한 물질을 투입하려고 하는 음모라며 백신 접종을 거부하는 사람들도 있었습니다.

칼 세이건은 이렇게 유사 과학이 힘을 얻게 된 이유가 과학이 대중화되지 않아서라고 생각했습니다. 사람들이 과학을 잘 모르니까 쉽게 선동된다는 거죠. 세이건은 결국 속이는 사람이 권력을 가질 수밖에 없다고 말하면서 의심하고 또 의심하는 과학적 사고방식을 강조했습니다. 그리고 이런 과학적 사고방식이야말로 민주사회의 기반이 될 것이라고 말했죠.

그래서 그는 과학에 대해 이렇게 표현했습니다.

> 과학은 무지의 어둠을 밝히는 작은 촛불이다.
> ―《The Demon-Haunted World》 중

즉 칼 세이건은 사실과 거짓을 구분하는 힘이 과학에서 나온다고 믿었기 때문에 과학을 대중화시키려고 끝까지 노력했던 사람이었습니다.

반면 리처드 파인만은 생각이 조금 달랐습니다. 그는 오직 거창한 사명감이나 책임감으로 움직이는 사람은 아니었습니다. 과학 강연을 하며 학생들과 질의응답하면서 얻는 자극을 즐기기도 했고요. 주입식 교육에 거부감이 많아서 그렇지 않은 방식의 강의를 하려고 했던 것도 있습니다. 브라질에 과학 강연을 하러 갔을 땐 정부 관계자들이 다 있는데도 브라질의 과학 교과서를 강하게 비판하기도 했는데요.

교과서에 실험 결과가 전혀 나와 있지 않다고 하면서 암기 위주의 교과서를 질타했습니다.

파인만은 시간이 조금 걸리더라도 스스로 탐구하는 힘을 기르는 것을 중요하게 생각했습니다. 과학을 '인내'라고 표현하기도 했죠. 특히 브라질에서 물리학 강의를 할 때는 처음에는 영어로 강의하려고 했는데요. 대학생들이 영어를 잘 못하자 고민하다가 부족한 실력이지만 모든 강의를 포르투갈어로 했습니다. 포르투갈어를 잘 못하더라도 학생들에게는 모국어라서 더 이해하기 쉽다는 걸 안 거죠. 파인만이 얼마나 대중에게 맞춘 강의를 하려고 노력했는지 알 수 있는 일화입니다. 이런 태도 하나하나가 파인만을 훌륭한 과학자이자 과학 커뮤니케이터로 만들어 준 게 아닐까 싶습니다.

뼛속까지 과학자였고 과학이 사람들의 사랑을 받는 데 큰 역할을 한 칼 세이건과 리처드 파인만에 대해 이야기를 나눠봤는데요. 차이점이 많은 두 사람을 보며 '나는 칼 세이건이 더 좋아' '나는 리처드 파인만 쪽이야'라며 의견이 갈릴 수도 있을 것 같습니다. 저는 두 분 다 진심으로 존경합니다. 하지만 지극히 개인적인 기준으로 마음의 소리를 한번 따라가면, 칼 세이건이 좀 더 제 취향입니다. 인류애를 기반으로 거시적인 목표를 갖고 대중에게 감동을 주면서 인류에게 과학을 전파하는 점에 끌렸죠. 파인만 씨, 미안합니다!

지인들은 제게 "궤도 님은 어떻게 그 많은 스케줄을 소화하세요?"라고 물어보곤 합니다. 칼 세이건의 말로 답을 드리겠습니다.

> 만약 과학자들이 자신이 알고 있는 과학적 지식을 일반인과 나누지 않는다면, 나는 이들의 생각이 기괴하다고 볼 수밖에 없다.
> 과학은 여전히 나의 즐거움이요, 나의 사랑이다.
> 당신이 사랑에 빠져 있다면 그 사실을 세상에 알리고 싶지 않겠는가?
> -《The Varieties of Scientific Experience》중

칼 세이건의 이 말이 바로 제 마음을 대변합니다. 칼 세이건과 리처드 파인만의 이야기가 과학을 좀 더 사랑하는 계기가 되길 바랍니다.

양자역학의 탄생

알베르트 아인슈타인
1879.03.14. ~ 1955.04.18.

닐스 보어
1885.10.07. ~ 1962.11.18.

요즘 양자컴퓨터 개발과 활용이 화제로 떠오르면서 공학을 전공하지 않은 사람들도 양자역학이라는 말은 한 번쯤 들어봤을 겁니다. 양자역학을 한마디로 말하면 너무 작아서 눈에 보이지도 않는 세계에 대한 이야기인데요. 얼핏 들으면 살면서 간에 기별도 안 갈 듯한 학문 같지만, 사실 우리는 양자역학 없이 살아가지 못합니다. 우리가 매일 사용하는 전자제품은 전부 양자역학을 기반으로 하고 있다고 볼 수 있을 정도니까요.

보통 사람은 아무렇지 않게 여기는 현상을 경이롭게 바라보는 사람들. 그들이 바로 과학자고, 그렇게 발전한 것이 과학입니다. 보이지 않는 세계를 파고들어 양자역학을 수면 위로 끌어올린 두 과학자, 지금부터 알아보겠습니다.

도둑맞은 뇌

1955년 4월 19일, 영국 프린스턴의 한 학교 교실에서 선생님이 학생들에게 질문했습니다.

"어제 무슨 일이 있었는지 아는 학생 있나요?"

그러자 똑똑한 친구가 대답했습니다.

"어제 아인슈타인이 죽었어요."

인류 최고의 과학자로 손꼽히던 알베르트 아인슈타인Albert Einstein이 죽은 다음 날이었던 것이죠. 그때, 교실 뒤편에 앉아 있던 조용한 남학생이 충격적인 말을 했습니다.

"저희 아빠가 아인슈타인의 뇌를 가지고 있어요."

이 아이는 프린스턴 병원의 병리학자였던 토머스 하비Thomas Harvey의 아들이었는데요. 토머스 하비는 아인슈타인이 사망한 후 부검을 담당한 의사였습니다. 그런데 하비가 아인슈타인과 유족의 허락도 없이 사망한 아인슈타인의 뇌를 훔친 겁니다. 하비는 이 뇌가 과학적으로 엄청난 가치를 지니고 있기 때문에 뇌를 연구해야 한다고 주장했는데요. 아인슈타인의 아들이 마지못해 허락했습니다. 그리고 하비는 자기 마음에 드는 과학자들에게 뇌를 조각조각 떼어 연구용으로 나눠줬죠. 그리고 40년 넘게 아인슈타인의 뇌를 갖고 다녔습니다. 그로테스크한 일화죠?

아인슈타인은 사후에 뇌를 도둑맞을 정도로 천재성에 대한 사람들의 관심이 엄청났습니다. 다른 사람들보다 뇌가 가벼웠다, 뇌에 영양분을 공급하는 세포가 일반인보다 많았다, 주름이 더 복잡했다... 그런 이야기들도 있지만, 사실 아인슈타인의 뇌가 설명해 준 것은 많지 않습니다. 우리가 컴퓨터의 외형만 보고 이 컴퓨터의 성능이 얼마나 뛰어난지 알기 어렵듯이요.

오히려 생전에 그가 남긴 말이 더 많은 걸 설명해 줍니다.

나는 다른 사람보다 더 뛰어나지 않다.
나는 보통 사람들보다 더 호기심이 많을 뿐이다.
나는 적절한 답을 찾기 전에는 문제를 포기하지 않는다.

물론 아인슈타인이 다른 사람으로 살아본 것은 아닙니다. 우리가 아인슈타인과 다르다는 것을 모르죠. 하지만 아인슈타인은 보기보다 노력형인 사람이었습니다. 정말 열심히 생각하고, 열심히 살았죠.

노력형 천재 아인슈타인

아인슈타인은 1879년에 독일의 유대인 가정에서 태어났습니다. 그러다 군대 문제로 독일 국적을 포기하고 나중에 스위스 시민권을 얻었습니다. 아인슈타인은 스위스를 너무 좋아해서 나중에 미국 시민권을 얻은 후에도 스위스 국적은 포기하지 않았죠.

아인슈타인의 이미지를 생각하면 어렸을 때부터 천재였을 것 같은데요. 실제로도 똑똑한 학생이긴 했지만, 압도적인 정도는 아니었습니다. 대학 입시도 재수를 했고, 스위스에서 공학대학을 다닐 때는 교수님에게 찍히기도 했죠. 그래서 학계에 남기가 어려웠던 것 같습니다. 여러 직업을 전전하던 아인슈타인은 23세의 나이에 특허국 직원이 됐습니다. 주로 시계와 관련된 특허를 심사하는 일을 했는데, 재미있게도 이 일이 나중에 상대성이론의 기반이 되는 발견을 하는 데 영향을 미쳤습니다.

아인슈타인은 특허국에서 일하면서 틈틈이 개인적인 연구를 많이 했습니다. 3년 후인 1905년 한 해 동안 논문을 무려 7편이나 발표했을 정도였죠. 그런데 그중에 4편이 아인슈타인을 싫어하던 사람들까지도 인정할 수밖에 없는 엄청난 논문이었습니다. 바로 아인슈타인에게 노벨상을 안겨준 광양자 가설, 분자와 원자의 존재를 강력하게 지지한 브라운운동, 그리고 질량과 에너지 등가성에 대한 논문이었습니다. 현대 물리학의 시대를 열었다고 볼 수 있는 논문들이라 과학사에서 1905년을 '기적의 해'라고 부릅니다. 이때가 아인슈타인의 나이 26세였습니다. 무명의 특허국 직원에서 세계 최고의 과학자가 되는 순간이었죠. 그 후로 교수로 취임하고 1915년엔 일반상대성이론까지 발표하면서 동시대에 따라올 사람이 없는 과학자가 됐습니다.

아인슈타인 평생의 숙적

하지만 이런 아인슈타인에게도 숙적이 있었습니다. 영화 〈오펜하이머〉를 보신 분들은 아실 이름인데요. 그 사람은 바로 닐스 보어Niels Bohr입니다. 아인슈타인은 1879년생, 닐스 보어는 1885년생입니다. 아인슈타인보다는 대중적으로 잘 알려지지 않았지만, 닐스 보어도 노벨물리학상 수상자였습니다. 덴마크를 대표하는 과학자로, 옛날 덴마크 500크론짜리 지폐에도 그려져 있었죠.

보어는 '보어 원자 모형'으로 유명합니다. 원자핵이 가운데 있고 전자가 그 주변을 일정한 궤도 위에서 돈다고 주장을 한 사람이죠. 그리고 전자가 궤도 사이를 점프하며 왔다 갔다 할 수 있다고 했습니다. 엘리베이터를 예로 들면, 전자가 1층, 2층, 3층에만 존재하는 거예요. 1층과 2층 사이, 2층과 3층 사이에는 존재하지 않는 겁니다. 7.5층에 산다고 말하는 사람이 없듯이요.

이렇게 불연속적으로 에너지가 존재하는 게 바로 양자역학의 특징입니다. 보어는 양자역학의 토대를 닦은 사람이고, 그 공로로 1922년 노벨물리학상을 받았죠.

양자역학은 한 마디로 눈에 보이는 세계의 물리 법칙과 다르게 눈에 보이지 않는 원자나 입자 단위의 세계가 다른 법칙으로 작동한다는 겁니다. 보어는 양자역학을 밀던 학파의 수장이었는데요. 덴마크 코펜하겐의 학파라는 의미로 '코펜하겐 학파'라고 불렀습니다.

과학자 중에서는 사교성이 다소 떨어지는 사람들도 꽤 있었습니다. 그러나 보어는 그렇지 않았죠. 코펜하겐에 연구소를 만들어서 과학자들이 자유롭게 모여 토론하고 스포츠도 즐기는 생산적인 분위기를 잘 만들었습니다. 보어는 원래 축구선수로 골키퍼를 했고, 친동생인 하랄드도 덴마크 축구 국가대표였습니다. 그런 성격이 연구소 분위기에도 반영이 된 것이 아닐까요?

아무튼 양자역학을 옹호한 닐스 보어와 양자역학이 불완전하다고 생각한 아인슈타인은 필연적으로 배틀을 할 수밖에 없었습니다. 그래도 서로를 인정하는 선의의 라이벌 관계였는데요. 두 사람이 처음 만났던 순간으로 돌아가 보겠습니다.

다정했던 첫 만남

1920년 4월, 베를린에 강연하러 간 닐스 보어는 막스 플랑크Max Planck라는 과학자의 집에서 묵었는데, 이때 플랑크의 소개로 아인슈타인과 처음 만나게 됩니다. 이때는 사이가 아주 좋았습니다. 물리학에 대해 실컷 떠들 수 있는 학계의 선후배 같은 사이였던 거죠. 이때 아인슈타인은 보어를 자기 집에 초대해 저녁 식사를 대접해 줍니다. 보어를 데리고 오고 데려다 주려고 왕복 30킬로미터나 걸었다고 하죠.

첫 만남이 인상 깊었던 아인슈타인은 보어와 헤어진 뒤 그에게 이런 편지를 보냈습니다.

> 살면서 당신처럼 함께 있는 것만으로도 큰 기쁨을 주는 사람을 만난 적이 거의 없습니다.

여기에 보어는 이렇게 답장했습니다.

> 당신과 만나 이야기를 나눈 것은 내게 매우 소중한 경험이었습니다. 당신 집까지 걸으며 나눈 대화는 평생 잊지 못할 겁니다.

거의 러브레터 수준이죠. 천재가 천재를 만나면 이런 느낌일까요? 둘의 인연은 이제부터가 시작이었습니다. 처음 만나고 2년 뒤인 1922년 12월 10일, 두 사람은 같은 날 노벨물리학상을 수상했습니다. 사실 아인슈타인은 1921년도 수상자인데 수상자를 뒤늦게 선정하는 바람에 같은 해에 상을 받은 거죠. 상을 받기 전에 둘은 또 한

번 애틋한 편지를 주고받았는데요. 먼저 보어의 편지입니다.

> 제게는 선생님과 동시에 이 영예를 받게 되었다는 사실만으로도 진정한 영광과 기쁨이 됩니다.
> 선생님의 엄청난 업적에 비하면 제가 이 상을 받을 자격이 얼마나 부족한지 잘 알고 있습니다.

아인슈타인은 이렇게 답장했습니다.

> 당신의 편지는 노벨상을 받은 것만큼이나 저를 기쁘게 했습니다.
> 혹시라도 당신이 저보다 먼저 상을 받을까 두려웠다는 부분이 특히나 사랑스럽습니다.
> 그런 점이야말로 전형적으로 보어다운 면모이지요.

이렇게 훈훈한 관계였던 두 사람은 그로부터 5년 뒤, 과학사에 길이 남을 대결을 펼치게 됩니다. 지금까지 이렇게 분위기가 좋았는데, 믿기지 않죠? 둘 사이에 무슨 일이 있었던 걸까요?

양자역학 제대로 파헤치기

대결을 소개하기 전에 양자역학에 대해 짚고 넘어가 보겠습니다. 먼저 '양자'가 뭘까요? 혈연관계가 아닌 사람을 자식으로 삼다, 즉 '양자로 들인다'고 할 때 쓰는 양자, 아닙니다. 양자는 더 이상 나눌 수 없는 물리량의 최소 단위입니다. 즉 양이 정해진 알갱이 같은 것이라고 이해하면 됩니다. 아주 작은 양이라 전자나 빛의 알갱이인 광자 같은 입자들이 양자에 속하는 거죠.

역학은 뭘까요? 역학은 물체의 운동에 대한 학문입니다. 그럼 이 두 단어를 합친 양자역학은 무슨 뜻일까요? 눈에 보이지 않는 아주 작은 세계, 즉 미시 세계가 어떻게 작동하는지를 설명하는 이론입니다.

양자역학은 왜 필요할까요? 눈에 보이는 거시 세계에서 통용되던 물리법칙이 미시 세계에서는 통용되지 않는다는 것을 실험을 통해서 알게 됐기 때문입니다.

양자역학에서 중요한 개념이 불확정성 원리라는 건데요. 독일의 하이젠베르크Werner Heisenberg가 주장한 겁니다. 한마디로 미시 세계는 거시 세계와 달리 입자의 위치와 운동량 이 두 가지 모두를 정확히 알 수 없다는 겁니다. 하나를 보면 하나를 알 수 없다는 의미입니다.

우리가 '물체를 본다'고 할 때는 물체에서 방출되거나 반사된 빛을 우리 눈으로 감지하는 것을 뜻합니다. 그런데 빛 입자로 원자보다 작은 전자 같은 입자를 관측하려고 하면 전자가 너무 작아서 빛 입자에 부딪혔을 때 밀립니다. 관측하는 순간에 관측 대상이 영향을 받는 겁니다. 하지만 아주 가느다란 바늘이나 작은 모래알이라고 해도 영향을 받는 순간이 눈에 보이지 않죠. 모래알이라도 눈으로 볼 수 있다면 크기가 매우 큰 겁니다. 미시 세계는 눈에 보이지 않습니다. 그래서 빛이 입자를 밀지 못하게 느슨하게 보내면 어떻게 될까요? 파동이 너무 촘촘하지 않아서 입자가 어디 있는지 모르게 됩니다.

더 쉬운 예를 들어볼까요? 아주 빠르게 날아가는 야구공 사진을 찍고 싶은 상황이에요. 카메라 셔터를 매우 빠르게 설정합니다. 그러면 야구공이 찍히겠죠? 야구공의 위치는 정확하게 찍히겠지만, 사진상으로는 야구공이 그냥 멈춰 있는 것처럼 찍힐 겁니다. 즉 어디로 가는지 알 수 없는 거죠. 그렇다고 셔터를 느리게 설정하면 야구공이 어디로 가는지는 알 수 있지만 야구공이 너무 흔들리니 정확한 위치를 찍을 수 없겠죠. 사진에 위치가 정확하게 나오면 어디로 얼마나 빠르게 공이 날아가는지를 모르게 되고, 공이 날아가는 속도를 알 수 있게 찍으면 정확한 공의 위치를 찍을 수 없게 됩니다. 이것이 아주 쉽게 비유한 '불확정성의 원리'입니다.

 마찬가지로 매우 짧은 시간 동안 측정하면 정확한 에너지를 측정하기 어렵습니다. 심지어 매우 짧은 시간 동안에는 마치 에너지보존법칙이 깨진 것처럼 보이기도 할 정도죠.

 다시 쉽게 설명해 보겠습니다. 우리가 은행에서 돈을 훔치면 감옥에 가겠죠? 하지만 정말 짧은 순간, 즉 0.0001초 동안 훔쳤다가 다시 돌려놓는다면 어떨까요? 은행은 돈이 없어졌다는 사실조차 모르겠죠. 매우 짧은 시간 동안에는 마치 문제가 있는 것처럼 무언가 깨진 것 같지만, 충분한 시간이 지나면 에너지가 결국 보존된다는 겁니다. 불확정성의 원리, 재미있죠?

 결론적으로 하이젠베르크나 닐스 보어 등의 과학자들은 우리가 미시 세계를 정확히 관측하는 건 불가능하다고 주장했습니다. 이는 관측 기술의 문제가 아니라 본질적인 문제라는 점에서 불확정성 원리를 내놓은 거죠.

양자역학을 두고 벌인 첫 번째 논쟁

1927년 10월, 벨기에에서 제5차 솔베이 회의가 열렸습니다. 솔베이 회의는 벨기에에 유명한 화학 기업을 세운 에르네스트 솔베이 Ernest Solvay가 과학 발전을 위해 만든 학회입니다. 솔베이 회의 중에서도 다섯 번째 회의가 유독 유명합니다. 아인슈타인을 포함해 노벨상 수상자가 무려 17명이나 참석했기 때문이죠.

당대 최고의 과학자들이 양자역학에 대해 5일 동안 열띤 토론을 벌였는데요. 이 회의가 유명한 또 다른 이유는 아인슈타인과 보어의 논쟁이 바로 이때부터 시작됐기 때문입니다. 이 둘의 논쟁은 두 학파의 대결이라고 볼 수 있습니다. 보어는 미시 세계는 정확히 예측할 수 없고 오직 확률적으로만 알 수 있다고 하는 불확정성 원리에 기반한 코펜하겐 학파였습니다. 반면 아인슈타인은 이 세상의 모든 것을 수학으로 완벽하게 예측할 수 있다고 주장하는 고전역학파였죠.

아인슈타인과 보어는 왜 논쟁을 벌였을까요? 닐스 보어는 하이젠베르크의 주장에 따라 우리는 미시 세계를 정확하게 알 수 없고, 다만 확률적으로 예측할 수 있을 뿐이라고 주장했습니다. 관측하기 전까지는 여러 가지 가능성이 동시에 존재하다가 관측을 하는 순간에 하나의 결과로 정해진다고 생각한 거죠. 참고로 양자역학에서 관측은 인간만 하는 게 아닙니다. 입자와 하는 상호작용도 관측에 포함되죠.

좀 더 쉽게 비유해보겠습니다. 상자 속에 전자가 하나 있다고 가정해 봅시다. 우리가 상자를 열어서 관측하기 전까지 전자는 모든 곳에 존재할 수 있습니다. 전자가 여기에 있으면서 동시에 저기에도 있는 걸 '중첩'이라고 합니다. 양자역학에서 매우 중요한 개념이죠.

우리는 상자를 열어보기 전까지는 전자가 어디 있는지 정확하게 모르고 확률적으로만 알 수 있습니다. 그런데 상자를 열어보는 순간, 즉 관측하는 순간 전자는 특정한 지점에 있게 됩니다. 너무 이상하죠? 내가 상자 안에 공을 하나 넣어놨는데 그게 어디 있는지는 상자를 열어봤을 때 정해진다니! 눈에 보이는 거시 세계에서라면 공은 상자 안에 있던 것이 맞습니다. 중첩이라는 개념이 직관적으로 와닿지 않는 이유입니다.

당시에 과학자들도 이 개념을 받아들이지 않는 사람이 꽤 있었습니다. 그 똑똑한 아인슈타인도 받아들이지 않았습니다. 그래서 이런 말을 했는데요.

> 하늘에 달이 있습니다. 코펜하겐 학파의 해석에 따르면, 달이 관측되지 않았다면 달이 존재하지 않는 것이고 눈으로 봐야만 달이 존재한다는 겁니까?

아인슈타인의 말에 좀 더 공감이 가지 않나요? 아무도 보지 않으면 달이 없는 거라니, 이상하잖아요. 이 말에 보어는 이렇게 반박했습니다.

> 세상 모든 사람들이 달을 관측하지 않았다면, 달이 그곳에 존재한다고 누가 말할 수 있겠습니까?

즉 달을 확인하는 유일한 방법은 누군가 달을 관측하는 것밖에 없

▲ 제5차 솔베이 회의에 참석한 과학자들

습니다. 이 말도 일리 있죠? 물론 보어는 세상에 존재하는 모든 것이 달을 관측하지 않는 상황을 가정한 것입니다. 과학 토론 같기도, 철학 토론 같기도 합니다.

두 사람은 이렇게 계속 꼬리에 꼬리를 물고 심오한 토론을 이어갔습니다. 아침마다 아인슈타인이 "아무리 생각해도 양자역학은 이상해"라며 문제를 내면, 저녁에 보어가 "아니, 이런 근거로 맞아"라고 말하며 반박을 들고 왔죠.

결국 이 싸움은 어떻게 끝났을까요? 5차 솔베이 회의는 보어의 승리로 끝이 났습니다. 사실 보어는 매우 집요한 성격이었다고 합니다. 양자역학을 공격하기 위해 '슈뢰딩거의 고양이'라는 사고실험을 만든 에르빈 슈뢰딩거Erwin Schrödinger라는 물리학자와 토론을 한 적이 있는데요. 밤새 토론하다 보니 슈뢰딩거가 몸살로 앓아눕고 말았습니다. 보통 사람이라면 토론을 그만하겠죠.

하지만 보어는 보통내기가 아니었습니다. 슈뢰딩거가 누워있는 침대 옆에서 "슈뢰딩거야. 네 주장에 허점이 있어. 정신이 드니? 잠깐 일어나서 말해 봐"라고 공격했죠. 완전히 질리는 스타일이죠? 하지만 이 정도로 집요했기 때문에 양자역학을 포기하지 않고 아인슈타인 같은 천재에게도 밀리지 않았던 겁니다.

결국 양자역학에 대한 보어의 해석이 점점 주류적 의견이 되었습니다. 양자역학을 무너뜨리기 위해 만들었던 슈뢰딩거의 고양이 이론도 오히려 양자역학의 특성을 설명하는 매우 중요한 예시로 지금까지 널리 활용되고 있죠.

보어에 대한 아인슈타인의 반격

아인슈타인도 보통내기가 아니었습니다. 3년 뒤인 1930년에도 제6차 솔베이 회의가 있었기 때문에 그동안 칼을 갈았죠. 아인슈타인은 이번에야말로 코펜하겐 학파의 불확정성 원리를 반드시 깨부숴야겠다고 생각했습니다. 그래야 코펜하겐 학파의 해석 전체를 반박할 수 있다고 믿었거든요.

아인슈타인이 이렇게 집요하게 반박하려고 한 이유는 과학이 확률이나 우연에 의해 지배되는 것을 걱정했기 때문입니다. 양자역학 이론이 옳다면 그야말로 물리학의 종말이라고 생각해서 사명감을 갖고 열심히 방어한 거죠.

불확정성 원리에 따르면 입자가 움직인 시간과 그동안 입자에서 방출된 에너지를 모두 정확하게 알 수는 없습니다. 아인슈타인은 이런 주장에 반박하려고 '상자 속의 시계'라는 사고실험을 가져왔습니다. 사고실험은 아인슈타인이 논문을 쓰거나 논쟁할 때 많이 사용한 방법으로, 머릿속으로만 하는 실험을 뜻합니다. 직접 해보기 어려운 실험이라 머릿속에서 시뮬레이션을 하는 거죠. 저는 사고실험을 정말 좋아합니다. 사고실험이 과학의 상상력이 얼마나 중요한지 단적으로 보여준다고 생각하기 때문이죠. 물론 이 과정 자체가 과학적이지 않으면 사고실험의 결과 또한 과학적이지 않지만요.

상자 속의 시계가 어떤 사고실험인지 볼까요? 상자 오른쪽 면에는 작은 구멍이 하나 있고 창문으로 구멍을 여닫을 수 있습니다. 상자 안에 있는 시계는 창문과 연결돼 있어서 창문을 열고 닫는 시간을 정확하게 알 수 있죠. 그리고 상자의 윗부분은 아주 민감한 용수철에 연결돼 있습니다. 아랫부분에는 무게추가 달려 있어서 용수철의 길이 변화를 통해 상자의 질량 변화를 알아낼 수 있습니다. 질량 변화는 박스에 달린 눈금자를 통해 확인할 수 있습니다.

이제 실험하는 방법입니다. 우선 상자 속에 빛 입자, 즉 광자를 1개만 넣은 다음 상자의 무게를 잽니다. 그다음 상자 속에 광자 하나가 빠져나올 만큼 짧은 시간 동안 창문을 열었다 닫습니다. 창문이 열려 있던 시간은 상자 속의 시계가 움직인 시간이겠죠. 그리고 광자 하나가 빠져나가서 비어 있는 상자의 무게를 잽니다. 광자 1개가 밖으로 나갔으니까 상자가 전보다 가벼워졌겠죠. 그럼 광자 1개의 질량을 구하는 것도 가능하겠죠?

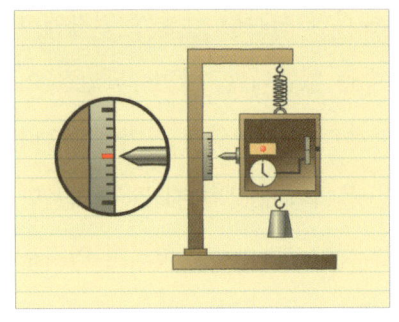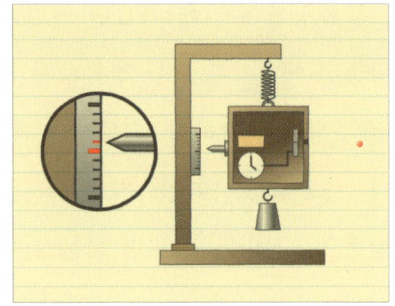
▲상자 속의 시계 실험. 광자 1개가 빠져나온 만큼 상자의 질량이 가벼워진다.

아인슈타인은 이 실험을 통해 광자 1개의 질량을 알 수 있고, 그러면 자신이 만든 $E=mc^2$라는 식에 대입해 광자 1개에 해당하는 에너지도 알 수 있다고 했습니다. 또 시간을 쟀으니 광자가 빠져나가는 데 얼마나 걸렸는지도 알 수 있겠죠. 즉 입자가 움직인 시간과 방출된 에너지를 동시에 정확하게 측정할 수 있다는 결론에 도달합니다. 불확정성 원리를 완전히 반박한 겁니다. 아인슈타인이 맞다면, 코펜하겐 학파가 틀린 거예요.

자, 그럼 보어가 이 주장을 바로 반박할 수 있었을까요? 안타깝게도 그러지 못했습니다. 당시 찍힌 사진을 보면 아인슈타인은 여유로운 표정을 짓고 있지만, 보어는 초조해 보입니다. 실제로 보어는 회의에 참석한 다른 물리학자들을 붙잡고 "이거 어떻게 반박해야 하나? 이러면 양자역학 원리는 끝장인데. 한 번만 도와줘"라고 간청하는 상황이었죠. 하지만 이 사고실험의 논리가 너무 막강하다 보니 다른 과학자들도 반박하지 못했습니다.

하지만 집요한 보어는 포기하지 않았습니다. 학회 중에 무려 12시간 동안 머리를 싸매고 고민했죠. 그리고 마침내 반박할 논리를 찾아내고야 맙니다.

우선 보어는 광자 하나가 빠져나오기 전에 시계를 확인하고 시간을 재야 하는데 이때 시간을 보려면 상자와 바깥 세계 사이에서 광자가 교환돼야 한다는 점을 지적했습니다. 시곗바늘을 읽어야 하니까요. 그리고 상자의 무게를 측정할 때도 저울에 바늘과 눈금에 광자를 써야 합니다. 측정을 해야 하니까요. 하지만 광자가 계속 왔다 갔다 하니까 결국 정확한 위치를 측정하기 위해서는 저울의 바늘이 평균적으로 서 있는 위치를 측정해야 하는데요. 그러려면 충분한 시간이 지난 후에 상자 무게를 잴 수 있다는 의미죠. 즉 에너지를 정확하게 측정하려면 관측에 소요되는 시간이 반드시 필요하다는 겁니다.

재미있는 건, 보어가 아인슈타인의 주장을 반박하기 위해 쓴 여러 가지 무기 중 하나가 아인슈타인의 상대성이론이었다는 겁니다.

상대성이론에 대해 간단하게 말해보겠습니다. 일반상대성이론에 따르면 관측자 기준으로 중력이 약하면 시간은 빠르게 가고 중력이 강할수록 시간은 더디게 흐릅니다. 영화 〈인터스텔라〉에서 중력이 강한 행성에 가자 시간이 느리게 흐른 것처럼요.

그럼 이 이론을 상자 속의 시계 실험에 대입하면 어떻게 될까요? 상자의 중력이 시간에 영향을 주게 됩니다. 우선 처음에 상자에서 광자 1개가 나가면 상자의 전체 질량이 줄어들겠죠. 그런데 질량이 줄어들면 그만큼 상자에 작용하는 중력이 약해집니다. 즉 중력장이 변화한다는 의미예요. 그래서 일반상대성이론이 적용돼서 중력장의 변화에 따라 시간이 흐르는 속도가 바뀌게 된다는 겁니다.

물론 티도 안 날 정도로 미미한 차이겠지만, 이건 광자 1개를 가지고 왈가왈부하는 사고실험이니까 고려해야 하는 요소였습니다. 보어는 이렇게 광자가 들어 있다가 빠지면 상자의 질량이 달라지고, 시간이 흐르는 속도도 바뀌게 되며 결국 실험을 정확하게 할 수 없다고 설명했습니다. 에너지를 정확히 측정한다고 해도 시간을 정확히 측정할 수 없기에 불확정성 원리가 충족되는 거죠.

아인슈타인은 '내 이론, 역시 깔끔해'라고 생각했지만 보어가 아인슈타인의 논리를 무너뜨렸습니다. 아인슈타인은 얼마나 속 터졌겠습니까? 자신이 만든 상대성이론으로 반박하니 더 반박할 수도 없었겠죠.

결국 두 번에 걸친 솔베이 회의에서의 논쟁은 보어의 승리로 끝났습니다. 아인슈타인은 그 후로도 사고실험을 쏟아냈는데요. 이제는 불확정성의 원리 자체를 직접 반박하기보다는 다른 형태로 양자역학을 공격하기 시작했습니다. 양자역학이 틀렸다고 하는 대신 아직 불완전하다고 주장하기 시작한 거죠.

끝나지 않는 치열한 대결

아인슈타인은 솔베이 회의에서의 패배에 굴하지 않고 새로운 무언가를 준비하기 시작했습니다. 이번에는 뜻이 맞는 과학자들을 모았죠. 보리스 포돌스키Boris Podolsky와 네이선 로젠Nathan Rosen과 함께 연구해서 논문을 냈습니다. 이 논문은 'EPR 역설'이라고 불리는데, EPR은 이들 3명의 성에서 알파벳 첫 글자를 딴 겁니다. 제6차 솔베이 회의가 끝나고 5년이 흐른 뒤인 1935년에 출판한 논문이었죠. 아인슈타인만큼이나 양자역학을 싫어했던 슈뢰딩거가 축하 편지를 보낸 논문입니다. 그 정도로 양자역학을 주장하는 과학자들도 더 이상 입을 열 수 없겠다고 생각한 논문이었죠.

이 논문에선 양자역학에 나오는 '양자 얽힘'이라는 개념을 비판했습니다. 양자 얽힘은 상호작용이 있었던 입자끼리 얽히는 것을 뜻합니다. 이 입자들이 서로 끈으로 연결된 것처럼 똑같이 행동하는 이상한 현상이 바로 양자 얽힘입니다. 마치 멀리 떨어진 곳에 있던 쌍둥이가 동시에 무언가 관련된 것 같은 행동을 하는 거죠.

그런데 닐스 보어가 믿는 코펜하겐 학파의 해석에 따르면 이 양자 얽힘은 한쪽의 상태가 관측되면 다른 한쪽의 상태도 즉시 결정된다는 겁니다.

캡슐이 든 상자로 예를 들어보겠습니다. 이 상자는 전혀 구별할 수 없을 정도로 생김새가 완벽하게 똑같습니다. 열어보기 전까지 절대 속을 볼 수 없는 상자이죠. 이 상자 안에는 양자저으로 얽혀 있는 캡슐이 2개 들어 있습니다. 이 캡슐들은 파란색 또는 빨간색입니다. 그런데 이 캡슐들은 얽혀 있는 상태이기 때문에 하나의 상자에서 빨간 캡슐이 나오면 다른 상자에서는 무조건 파란 캡슐이 나오게 됩니다. 그 반대도 성립하고요. 그러니까 두 개의 캡슐은 서로 다른 색깔의 캡슐이라는 거예요.

이제 두 상자 중 하나를 제가 가져가고, 다른 한 상자를 여러분이 가져간다고 해봅시다. 저와 여러분은 각자 가진 상자 속에 어떤 색깔의 캡슐이 들어 있는지는 모릅니다.

▲ 궤도와 독자의 양자 얽힘 실험

이제 이 상자를 가진 여러분은 서울에 머무르고, 저는 상자를 갖고 먼 우주로 갑니다. 10광년 떨어진 행성까지 갔다고 해볼까요? 이렇게 저와 여러분이 아주 멀리 떨어진 상태에서, 제가 먼저 우주에서 상자를 열어봅니다. 안에 빨간색 캡슐이 들어 있어요. 제가 이 빨간색 캡슐을 관측한 겁니다.

그럼 서울에 있는 여러분이 가진 상자 속의 캡슐 색깔은 파란색이겠죠? 반대로 제가 상자를 열었을 때 캡슐이 파란색이었다면 여러분의 상자 속 캡슐은 그 즉시 빨간색이 되는 거죠. 즉 캡슐의 색깔이 미리 정해져 있던 게 아닙니다. 관측한 순간 정해진 것이고, 그게 서로 연결돼 있다는 거죠.

조금 더 쉽게 설명해 볼까요? 두 개의 숫자가 각각의 상자에 있습니다. 두 숫자의 합은 10이죠. 제가 한 상자를 열어보니 2가 적혀 있습니다. 다른 상자에는 8이 적혀 있겠죠. 두 숫자의 합은 10이니까요. 한쪽 상자의 숫자를 관측하는 순간 다른 상자의 숫자가 결정됩니다. 두 상자 속 숫자의 합이 10이라는 연결, 즉 얽힘이 적용되어 있기 때문에 가능한 일이죠.

양자역학은 이렇게 우리가 아는 상식에서 벗어나 있습니다. 리처드 파인만도 이 세상에 양자역학을 이해한 사람은 아무도 없다고 했을 정도죠. 머리 겔만$_{\text{Murray Gell-Mann}}$이라는 이론물리학자도 양자역학은 누구도 제대로 이해하지 못하지만 사용은 할 줄 아는 당혹스러운 학문이라고 했죠.

아인슈타인은 당연히 양자 얽힘을 받아들일 수 없었습니다. 궤도가 우주에서 상자를 연 순간 1광년이나 떨어진 서울에 있는 여러분의 상자 속 캡슐 색깔이 정해진다니, 빛보다 빠르게 정보 전달이 이루어지는 건 말도 안 된다고 했죠. 특수상대성이론에 따르면 세상에 빛보다 빠른 건 존재할 수 없습니다. 애초에 정해져 있는 색을 그냥 관측한 것뿐이라는 것인데요. 일리 있는 말입니다. 아직까지도 빛보다 빠른 건 발견되지 않았으니까요.

아인슈타인은 국소성의 원리로도 반박했습니다. 국소성은 물리학에서 통용되는 원리로, 공간적으로 멀리 떨어져 있는 두 영역의 입자는 서로 직접 영향을 주지 못한다는 겁니다. 그리고 둘 사이에 전달되는 정보나 영향은 광속보다 빠를 수 없다는 거죠. 그런데 양자역학에 의하면 멀리 떨어져 있는 캡슐끼리 상호작용이 일어난 것이니 국소성의 원리에도 위배됐다는 겁니다. 특히 아인슈타인은 이를 '귀신이 나올 것 같은 작용'이라고 꼬집었습니다. 아인슈타인은 보어의 코펜하겐 학파가 주장하는 양자역학이 불완전한 학문이라고 주장했습니다.

그럼 미시 세계는 어떻게 설명하냐는 물음에 아인슈타인은 이렇게 대답했습니다.

미시 세계를 정확하게 설명하지 못하는 이유는 아직 우리가 규칙을 더 찾아내지 못했기 때문입니다.
그 규칙이 뭔지는 저도 잘 모르겠지만, 저는 그것을 숨은 변수라고 부르겠습니다.

과학이 아직 밝혀내지 못한 것이 있을 뿐, 그게 양자역학은 아니라는 의미입니다.

그럼 보어는 어떻게 대응했을까요? 보어도 아인슈타인의 주장에 반박하는 논문을 냅니다. 복잡한 사고실험을 통해서 아인슈타인 주장에 전부 반박했죠. 이번에도 보어의 승리로 끝났을까요?

그건 아닙니다. 이번엔 아주 오랜 시간 동안 누구 말이 맞는지 검증할 수 없었습니다. 두 사람 모두 이론과 사고 실험을 기반으로 논쟁했기 때문이죠. 실제로 실험을 하지 않았던 겁니다.

이쯤 되니 답답하죠? 자강두천 두 천재의 싸움, 대체 언제 끝날까요? 무려 30년 뒤에 이 싸움의 결판을 낼 결정적 증거가 나옵니다. 재미있는 건, 이 증거는 보어나 아인슈타인이 가지고 나온 게 아니라는 겁니다. 몇십 년간 둘의 이론을 증명해 보겠다고 뛰어든 실험물리학자들이 많아졌거든요.

여기에 결정타를 날린 사람은 영국의 물리학자 존 벨John Bell이었습니다. 벨은 아인슈타인의 주장에 동의하는 과학자였습니다. 그래서

1964년에 '벨 부등식'이라는 수식을 제안했습니다. 이 수식은 아인슈타인이 이야기한, 숨은 변수가 존재하면 그 변수가 만족해야 할 조건을 표현한 것입니다.

$$1+C(b,c) \geq |C(a,b)-C(a,c)|$$

만약 세상이 아인슈타인의 주장처럼 상식적으로 멀리 떨어진 입자끼리 영향을 줄 수 없다면 벨 부등식은 성립해야 합니다. 만약 식이 성립하지 않는다면 고전역학에서 상식적이라고 생각하는 규칙은 틀렸고, 세상은 사실 양자역학적이라는 것이죠. 즉 상식이 깨진다는 겁니다. 이 식이 실제로 성립한다면 아인슈타인의 승리, 성립하지 않는다면 보어의 승리였습니다.

하지만 벨도 이 식을 만족시키는 실험에 성공하지 못했습니다. 그래서 그 이후 수많은 과학자들이 벨 부등식을 만족시키기 위한 실험에 도전했죠.

1982년, 드디어 알랭 아스페Alain Aspect라는 과학자가 실험에 성공했습니다. 실험해 보니 끝내 벨 부등식을 만족할 수 없었습니다. 이 실험의 결론은 EPR 역설이 틀렸고 보어 학파의 해석이 타당하다는 것이었습니다. 이후에 다른 과학자들이 진행한 실험의 결과도 마찬가지였습니다. 길고 길었던 논쟁이 보어의 승리로 끝이 난 겁니다. 안타깝게도 둘 다 세상을 떠난 후에 최종 결과가 나왔지만요.

오늘날까지 이어진 양자역학 연구

지금 여러분이 하고 계신 생각, 제가 잘 알고 있습니다. 양자역학을 '이해했다'와 '이해하지 못했다'라는 두 가지 상태가 중첩된 와중에 최종적으로 '이해하지 못했다'로 결론이 난 것 같은데요.

사실 과학자들에게도 양자역학은 어려운 개념입니다. 양자 얽힘이 존재한다는 건 실험적으로 맞지만, 그 원리까지 파악하지 못한 거죠. 그래서 양자역학 연구는 현재 진행형입니다. 실험에 성공한 알랭 아스페가 2022년에 노벨물리학상을 탔으니, 거의 100년간 양자역학이 지속적으로 발전되고 있다고 볼 수도 있겠죠. 뉴턴의 이론도 뉴턴 이후 수많은 과학자들이 100년 이상 정교하게 다듬었듯이요.

라이벌 과학자의 대결, 과학을 발전시키다

자존심 강한 두 천재, 아인슈타인과 보어의 대결은 과학계에 많은 것을 남겼습니다.

먼저 입자는 관측되기 전까지 여러 상태로 존재하다가 관측하는 순간 하나의 상태로 확정된다는 개념이 현대 물리학의 핵심 원리가 됐습니다. 특히 양자 얽힘은 양자 암호와 양자컴퓨터를 개발하는 데 활용되고 있습니다.

그리고 두 과학자의 논쟁은 물리학이 철학적인 질문을 외면하지 않도록 했습니다. '실제로 존재한다는 것이 무엇을 의미하냐'는 질문이 과학에서 매우 중요하게 다뤄지기 시작한 거죠.

여러분, 어떠신가요? 우주의 모든 것들은 우리가 관측하든 말든 실재하고, 우리의 관측은 그것에 영향을 주지 않는 걸까요? 아니면 우리가 관측했기 때문에 거기에 있는 걸까요?

안타깝게도 아인슈타인은 EPR 논문이 나온 1930년쯤부터 주류 학계에서 멀어졌습니다. 양자역학을 반박하거나 전자기장, 중력장 등 '장'을 통일하는 작업으로 여생을 보내는데요. 당시에는 양자역학이 대세로 흘러가고 있었는데 아인슈타인은 끝까지 그걸 받아들이지 못했으니 고집쟁이 뒷방 늙은이 취급을 받게 됐죠.

하지만 아인슈타인은 자연에서 일어나는 사건들이 우연히 결정되는 확률 놀이와 비슷하다는 걸 끝내 받아들일 수 없었습니다. 누구나 자신이 노력하는 방향을 선택할 수 있고, 진리를 위한 탐구가 진리를 알아낸 것보다 더 소중하다는 말에서 위안을 찾았죠.

결국 수년의 논쟁을 거치고 나서 아인슈타인과 보어의 사이는 완전히 틀어졌을까요? 아인슈타인이 환갑에 접어들 때 두 사람이 만났는데, 아인슈타인의 반응이 싸늘했다고 합니다. 하지만 두 사람은 과학사뿐만 아니라 서로의 인생에 이미 너무나 큰 존재였습니다. 보어는 아인슈타인의 반대가 내 관념을 발전시키는 데 굉장히 중요했다고 평가했죠. 심지어 주변 사람들에 따르면 아인슈타인이 죽은 후에도 보어는 마치 아인슈타인이 여전히 살아있는 것처럼 그와 논쟁하곤 했다고 합니다. 아인슈타인도 세상을 떠나기 1년 전인 1954년, 보어에 대해 이렇게 표현했습니다.

> 그는 끊임없이 진리를 찾아다니는 사람처럼 자신의 의견을 말했으며, 자기가 현재 믿는 것이 항상 옳다고 믿는 사람은 결코 아니었다.

그만큼 보어가 열린 태도를 가진 사람이었다는 의미였겠죠. 이렇게 두 사람은 과학계에선 첨예하게 대립했지만, 서로를 존경한 굉장히 멋진 라이벌이었던 것 같습니다.

서로 다르지만 같은 곳을 지향한 과학자들

두 사람의 인간적인 이야기도 좀 덧붙여 보겠습니다.

우선 닐스 보어는 '사기 캐릭터'였습니다. 연구 성과도 대단했지만 가정도 잘 보살폈죠. 보어는 1922년에 노벨물리학상을 받았는데, 보어의 아들인 오게 보어도 1975년에 노벨물리학상을 받았습니다. 심지어 보어는 아내도 잘 만났어요. 보어는 신혼여행 중에도 논문을 쓸 정도로 연구에 미쳐 있었습니다. 이때 보어의 아내는 보어의 논문 집필을 도왔습니다. 보어의 영어 실력이 유창하지 않아, 그가 논문 내용을 불러주면 아내가 옆에서 영어로 받아 적어줬죠. 그 후로도 아내는 평생 보어의 공식적인 비서 역할을 했다고 합니다. 그 덕에 보어도 이렇게 대단한 업적을 낼 수 있었던 거겠죠.

반면에 아인슈타인의 가정사는 그다지 밝지 않았습니다. 아인슈타인은 결혼을 두 번 했는데요. 첫 번째 아내와 연애 중일 때 딸을 낳았는데, 그 딸에 대해서는 정확하게 밝혀진 정보가 없습니다. 그리고 첫 번째 아내와 두 아들을 낳았는데, 둘째에게는 조현병이 있었습니다. 둘째 아들 에드와르트는 집에서 종종 발작을 일으켜서 난동을 부렸고, 심지어 어머니를 해칠 뻔해서 경찰에 체포돼 평생을 정신병원에 입원한 채로 살다가 눈을 감았습니다. 아인슈타인의 아픈 손가락이었겠죠. 그 밖에도 아인슈타인의 가정사에는 여러 가지 논란이 많았습니다. 남편이자 아버지로서는 그다지 좋은 평가를 받지 못했던 것 같습니다.

이렇게 과학적 지향점도, 가정사도 달랐던 두 사람이지만 한 가지 노선을 동행한 것이 있습니다. 두 사람 모두 나치의 시대를 살았던 유대인이었죠. 보어는 미국으로 망명해 원자폭탄 개발 프로젝트인 맨해튼 프로젝트에 참여했는데요. 그가 핵무기 개발에 찬성해서가 아니라 나치가 먼저 핵무기를 개발할까 봐 걱정했기 때문이었죠. 이 일로 핵무기 개발과 관련해 동지였던 하이젠베르크와도 틀어지게 되는데, 그가 나치의 핵무기 개발자였기 때문입니다.

결국 미국이 핵무기 개발에 성공하고 일본에 원자폭탄을 투하해 큰 피해를 입혔습니다. 그 후로 보어는 반핵 운동에 적극적으로 참여해 1957년 미국 원자 평화상을 첫 번째로 수상했습니다.

아인슈타인도 비슷한 행보를 보였습니다. 나치를 피해 미국으로 망명했는데, 보어와 달리 맨해튼 프로젝트에는 참여하지 않았습니다. 하지만 그는 맨해튼 프로젝트가 만들어지는 데 큰 영향을 끼친 사람이었습니다. 아인슈타인도 나치가 먼저 핵무기를 개발해선 안 된다고 생각해서 미국의 루스벨트 대통령에게 핵무기의 개발을 서두르라고 촉구하는 편지를 보냈거든요. 물론 그 편지는 과학자들의 의견을 모아서 아인슈타인이 대표로 서명한 것에 불과했지만요.

하지만 핵폭탄이 일본에 투하된 후 아인슈타인은 자신의 행동을 후회하게 됩니다. 그래서 그 후로 반핵 운동에 나섰습니다. 당시는 전쟁이 끝났는데도 원자폭탄보다 더 강력한 무기를 만들기 위해 혈

안이 되어 있던 때라 수소 폭탄을 개발하려는 경쟁이 벌어졌습니다. 그리고 그렇게 만든 수소 폭탄으로 섬 하나를 파괴해 버리죠.

결국 1955년에 아인슈타인은 철학자인 버드런드 러셀Bertrand Russell과 손잡고 공동 선언문을 발표합니다. '러셀-아인슈타인 선언'으로 유명한 핵무기 반대 선언문이었죠.

> 우리는 인류 구성원으로서 인류에게 다음과 같이 호소한다.
> 여러분의 인간다움을 상기하라. 그런 다음에 나머지는 모두 잊어버려라.
> 만약 그렇게 할 수 있다면 새로운 낙원으로 향하는 전망이 열릴 것이다.
> 만약 그렇게 할 수 없다면 인류 전체가 멸종당할 위험이 여러분 앞에 다가오게 될 것이다.

지금 이 시대에도 곰곰이 생각해 볼 만한 말이죠.

이렇게 선언문을 남기고 일주일 뒤에 아인슈타인은 76세의 나이로 세상을 떠났습니다. 사인은 뇌출혈이었죠. 닐스 보어 역시 아인슈타인과 비슷한 나이인 77세에 심장마비로 세상을 떠났습니다. 두 사람 모두 자신의 연구가 세상에 어떤 영향을 미칠지 그 파급력에 대해서도 깊이 고민한 과학자였습니다.

마법 같은 현상을 설명하는 듯했던 양자역학이 정설로 자리 잡기까지, 그리고 현대 과학의 근간을 이루기까지 아인슈타인과 보어의 뜨거운 논쟁이 근간을 다졌습니다. 비록 의견은 달랐지만 두 사람 모두 자신이 쌓아 올린 지식으로 인류가 이롭길 염원했다는 점에서 정말 위대한 과학자들이라고 할 수 있습니다.

비록 논쟁에서는 보어가 이겼지만, '물리학 발전'이라는 거대한 관점에서 보면 둘 다 과학을 승리의 길로 이끌었다고 볼 수 있을 텐데요. 이렇게 과학은 마치 살아있는 생명체처럼 지금 이 순간에도 진화하고 있습니다.

천문학의 혁명가들

갈릴레오 갈릴레이
1564.02.15. ~ 1642.01.08.

요하네스 케플러
1571.12.27. ~ 1630.11.15.

인류 역사에서 과학이라는 학문이 생긴 지 약 400년 정도밖에 되지 않았다는 사실을 아시나요? 특히 천문학은 1500년대만 해도 점성술 취급을 받았습니다. 그때는 행성이 움직이는 건 천사들이 밀고 다니기 때문이라고 생각할 정도였죠. 국가 정책부터 가정의 대소사까지 점성술에 의존한 이런 세상에서 도대체 과학이 어떻게 싹튼 걸까요?

그건 비과학의 시대에 과학을 주장하는 사람들이 있었기 때문인데요. 이들은 세상이 믿는 진리에 도전하며 천문학 발전에 큰 기여를 했습니다. 그 어려운 일을 해낸 사람은 누구일까요?

지옥의 크기를 알아낸 갈릴레오

오늘의 첫 번째 주인공을 소개하기 전에 먼저 그림 하나를 보여드리겠습니다.

72쪽의 그림은 단테의 〈신곡〉에 나오는 지옥을 그린 것입니다. 단테의 〈신곡〉은 13세기 이탈리아 작가인 단테가 쓴 서사시인데요. 그중 첫 번째가 지옥 편입니다. 당시 단테가 연출한 지옥의 크기가 얼마나 되는지가 지식인 사이에서 진지한 연구 주제였죠. 그런데 1588년에 그 크기를 계산해 낸 사람이 있었습니다. 이 사람은 지옥 편에 나오는 문장을 바탕으로 계산했죠.

거인의 얼굴은 로마 베드로 성당의 솔방울 조각상처럼 크고 길었으며, 악마 루시퍼의 팔뚝과 거인을 비교하는 것보다 거인과 나를 비교하는 편이 나으리라.
—《La Divina Commedia》, Inferno 편 중

실제로 성당에 있는 솔방울 조각상의 크기를 보고 비례법으로 계산했는데, 그 결과 악마 루시퍼의 키는 약 1200미터, 지옥의 부피는 지구의 약 12분의 1이라는 것을 밝혀냈습니다. 그때까지 종교적이고 추상적인 공간으로 인식되던 지옥을 수학적으로 묘사한 거예요. 그 덕분에 이 사람은 20대의 나이에 상류 사회로 진출할 수 있었습니다. 대학 졸업도 하지 않은 이 사람을 당시 이탈리아 피렌체에서 가장 영향력이 높았던 메디치 가문에서 피사대학의 수학 교수로 스카우트했기 때문이죠.

▲ 보티첼리 〈지옥의 지도〉

지옥의 크기를 알아낸 이 사람은 과연 누구였을까요? 바로 오늘의 첫 번째 주인공 갈릴레오 갈릴레이Galileo Galilei입니다. "그래도 지구는 돈다"라는 말로 유명한 사람이죠. 지구가 우주의 중심이라고 믿던 천동설 대신 지구는 태양을 중심으로 도는 행성 중 하나일 뿐이라는 지동설을 주장한 사람입니다. 그래서 가톨릭의 탄압을 받았다는 것도 잘 알려져 있죠. 그런데 사실 갈릴레오는 "그래도 지구는 돈다"라는 말을 하지 않았을 거라는 게 역사학자들의 의견입니다. 이는 후대 예술가들이 지어냈을 가능성이 높다고 하죠.

또 피사의 사탑에서 무게가 다른 추 2개를 떨어뜨리는 실험을 한 것도 유명한데요. 이 역시 사실이 아니라고 합니다. 이렇게 갈릴레오는 유명세만큼이나 가짜 뉴스나 과장된 면이 많았죠.

그럼 갈릴레오에 대한 진짜 이야기는 무엇일까요? 그에 대해 좀 더 자세히 알아보겠습니다.

정론에 도전한 갈릴레오

갈릴레오는 1564년 이탈리아 피사에서 몰락한 귀족 가문의 장남으로 태어났습니다. 어릴 때부터 머리가 좋아 특히 수학을 잘했죠. 하지만 집안이 넉넉하지 않아 아버지는 아들이 의사가 돼서 명의였던 조상님처럼 부와 명예를 갖길 바랐습니다. 그래서 아들을 의대에 보냅니다. 당시 수학자 연봉이 의사의 30분의 1밖에 되지 않았거든요. 의대 열풍이 무려 400년 전에도 있었던 걸까요?

그런데 갈릴레오는 의사가 될 생각이 없었습니다. 갈릴레오가 계속 수학에만 관심을 가지니까 아버지가 학비를 끊어버렸습니다. 갈릴레오는 돈을 벌기 위해 귀족 자제들에게 수학 과외를 해줬는데, 귀족들 사이에서 '1타 과외 선생님'으로 이름이 알려져 귀도발도 델 몬테Guidobaldo del Monte라는 귀족의 눈에 띕니다. 갈릴레오가 지옥의 크기를 계산한 후 학사학위도 없는데 교수가 된 것도 델 몬테 덕분이라고 알려져 있죠. 요즘이라면 채용 비리인데 그 당시엔 문화였습니다. 이때 갈릴레오의 나이 불과 25세였죠.

피사대학의 수학 교수로 재직하던 갈릴레오는 아리스토텔레스가 주장한 진리에 도전장을 내밀었습니다. 2천여 년만이었죠. 갈릴레오는 기존 체제에 순응적인 사람이 아니었거든요.

당시에는 무거운 물체는 더 빨리 떨어지고 가벼운 물체는 천천히 떨어진다는 믿음이 주류였습니다. 과학적인 근거는 없었지만, 아리스토텔레스가 주장했기 때문이었죠. 사실 지금 우리가 막연하게 생각했을 때, 당연하다고 믿을만한 주장입니다. 망치와 깃털을 동시에 떨어뜨리면 망치가 더 빨리 떨어지니까요. 다만 머리로 생각만 하는 게 당연한 시대였기 때문에 실험이나 구체적인 증거로 입증하진 않았습니다.

하지만 갈릴레오는 달랐습니다. 그는 이를 집에서 직접 실험해 봤는데요. 그 결과 무거운 공이든 가벼운 공이든 똑같은 속도로 점점 빠르게 떨어진다는 결론이 나왔습니다. 아리스토텔레스의 주장과 달랐던 거죠. 물론 갈릴레오는 사고실험을 통해서 논리적으로도 반박했습니다. 무거운 물체와 가벼운 물체를 줄로 묶으면 하나의 '더 무거운 물체'가 됩니다. 아리스토텔레스의 주장에 따르면 가벼운 물체는 천천히, 무거운 물체는 빨리 떨어지려고 하니까 둘을 묶은 채 떨어뜨리면 속도가 두 물체가 떨어지는 속도의 사잇값이 되겠죠. 그런데 둘을 묶었으니까 더 무거운 물체가 더 빨리 떨어져야 합니다. 이미 논리적으로도 모순인 것이죠.

재미있는 건, 1971년에 아폴로 12호에 탑승한 데이비드 스콧David Scott이라는 우주 비행사가 이 실험을 달에서 해봤다는 겁니다. 그는 공기저항이 없는 달에서 망치와 깃털을 동시에 떨어뜨려 봤는데요. 둘은 동시에 달 표면으로 떨어졌습니다. 이 모습이 전 세계 TV로 생중계됐죠. 스콧은 이렇게 외쳤습니다.

여러분, 갈릴레오가 옳았습니다.

갈릴레이의 실험은 훗날 뉴턴에게도 큰 영향을 끼쳤을 정도로 엄청난 발견이었는데요. 그때는 감히 아리스토텔레스를 반박했다는 이유로 갈릴레오의 평판이 급격히 나빠졌습니다. 교수 재임용에도 실패했죠. 설상가상으로 아버지까지 돌아가시면서 갈릴레오는 가장이 됐습니다. 여동생의 결혼 자금도 해결해야 하는 등 여러모로 힘든 시기를 보냈죠.

살길을 모색하던 갈릴레오는 친분이 있던 귀족들의 도움을 받아 가고 싶던 파도바대학의 수학 교수가 되는데요. 갈릴레오는 18년 동안 이곳에서 인생에서 가장 빛나는 성취를 내놓습니다. 바로 지동설, 즉 태양중심설에 대한 근거를 발견한 것이죠.

수학으로 우주를 설명한 케플러

그런데 지동설 연구에 큰 도움을 준 사람이 있었습니다. 바로 오늘의 두 번째 주인공입니다. 신이 우주를 움직인다고 믿었던 시절, 우주가 사실은 수학으로 움직인다는 걸 최초로 증명한 사람. 이과생이라면 다 아는 케플러 법칙을 만든 사람, 바로 요하네스 케플러 Johannes Kepler 입니다.

케플러는 '케플러의 세 가지 법칙'으로 잘 알려져 있습니다. 케플러의 법칙은 행성의 움직임을 수학적으로 정리한 것으로, 무려 17년에 걸

쳐서 밝혀낸 법칙입니다. 이 법칙은 현대 천문학의 기초가 되고 있죠.

1강에서 등장한 인물 칼 세이건은 케플러 법칙에 대해 이렇게 평가했습니다.

> 우주 탐사선이 광대한 우주를 가로질러 외계로 달려갈 때 사람이고 기계고 가릴 것 없이 확고부동한 이정표가 하나 있다.
> 그것은 케플러가 밝혀낸 행성 운동에 관한 세 가지 법칙이다.
> 평생에 걸친 수고로 그는 발견의 환희를 맛보았고 우리는 우주의 이정표를 얻었다.

즉 케플러는 우주의 이정표를 만든 사람이라는 겁니다. 하지만 케플러는 갈릴레오보다 대중적으로 잘 알려지지 않았습니다. 케플러는 늘 돈에 쪼들리고 힘든 삶을 살았던 과학자였거든요.

케플러는 1571년 독일에서 태어났습니다. 갈릴레오보다 7살 어렸죠. 케플러는 찢어지게 가난한 집에서 자랐습니다. 사실 과학사에 이름을 남긴 과학자 중에는 부자가 꽤 많습니다. 코페르니쿠스와 튀코 브라헤Tyco Brahe처럼 케플러와 갈릴레오 이전에 천문학에 기여했던 사람들도 모두 유복했습니다. 하지만 케플러는 가난한 데다 어릴 때 천연두를 앓아서 시력이 매우 나빴고, 손가락도 온전하지 않았습니다. 특히 시력이 나쁜 건 천문학을 연구하는 데 매우 치명적인 단점입니다. 하늘을 관측하는 데 지장이 있기 때문이죠. 특히 과거에는 주로 육안으로 관측했기 때문에 시력이 중요했습니다.

이렇게 병약하고 내성적인 케플러에게 위안이 된 건 두 가지였는데요. 첫 번째는 우주였습니다. 케플러도 갈릴레오처럼 하늘에서 벌어지는 일들에 관심이 많았어요. 두 번째는 머리가 굉장히 좋다는 거였습니다. 케플러도 수학에 재능이 있었죠. 케플러는 처음엔 목사가 되기 위해 개신교 신학대학에 진학했지만, 수학과 천문학을 너무 좋아한 나머지 목사가 되지 않고 수학 교사가 됐습니다. 하지만 케플러의 수업은 너무 지루해서 인기가 없었습니다. 강의를 시작한 지 1년이 지나자 수강생이 단 한 명도 없을 정도였죠.

그런데 이게 오히려 케플러에게 기회가 됐습니다. 시간이 많이 남으니까 우주에 대해 연구할 여유가 생긴 거죠. 케플러는 신앙심이 깊었는데, 세상이 신의 창조물이라면 신이 우주를 만든 법칙이 숨겨져 있을 거라고 생각해서 그것을 찾기 위해 노력했습니다. 특히 지구가 태양을 중심으로 돈다는 코페르니쿠스의 주장이 케플러를 사로잡았는데요. 그때까지만 해도 교회에서 가르치는 우주론은 그리스의 철학자인 프톨레마이오스가 제시한 이론이었습니다. 우주의 중심이 지구라는 천동설이었던 거죠. 거의 1,500년간 이어지던 그런 생각에 의문을 제기한 인물이 코페르니쿠스였습니다.

케플러는 신앙심과 별개로 코페르니쿠스의 생각에 동조했습니다. 지동설은 너무나 혁명적이라 이 이론을 인정하는 과학자는 소수에 불과했는데, 케플러도 그중 한 명이었던 거죠.

하지만 시력이 좋지 않아 관측하기 어려웠으니, 수학적인 재능만으로 우주의 신비를 풀 수밖에 없었습니다. 당시엔 행성이 수성, 금성, 지구, 화성, 목성, 토성 6개만 알려져 있었는데, 케플러는 '왜 행성은 딱 6개뿐일까?'라며 의문을 제기했습니다.

그리고 그는 그 이유를 수학적으로 설명해 냈습니다. 정다면체 안에 정다면체가 들어 있는, 그야말로 판타지적인 세계관의 우주 모형을 발표했습니다. 지금 볼 때는 말도 안 되는 가설이지만, 이 모형을 발표한 〈우주의 신비〉라는 책은 높은 평가를 받았습니다. 25세의 평범한 수학 교사였던 그의 이름이 유럽 천문학계에 알려지게 됐습니다. 케플러가 제시한 우주 모형은 코페르니쿠스의 지동설을 옹호한 최초의 우주 모형이었거든요. 케플러는 행성의 궤도를 따라 움직이는 이유는 태양에서 나온 힘이 밀고 있기 때문이라고 주장했죠. 옳은 이론은 아니지만 신이나 천사가 행성을 움직이는 게 아니라는 점에서 큰 전환점이었습니다.

최고의 수학자와 천문학자의 만남

케플러는 자신의 책 〈우주의 신비〉를 저명한 천문학자들에게 보냈는데, 그중 한 명이 바로 갈릴레오였습니다. 갈릴레오는 이 책을 보고 케플러에게 답장을 보내진 않았지만, 머지않아 둘은 편지를 주고받는 사이로 발전했습니다. 그 시기 갈릴레오는 지구가 태양 주변을 돈다는 사실을 확신했지만 이걸 발표했다가 곤란해질까 봐 망설이고 있었죠. 그래서 케플러에게 편지로 '더 많은 사람들이 당신과 같은 태도를 가지게 될 때 발표할 생각'이라고 전했습니다. 케플러는 응원과 지지의 답장을 보냈습니다.

올바른 생각이 이 세상의 무지로 묻혀버리는 것에 주의해야 합니다. 신념을 갖고 앞으로 나아가십시오. 내 생각이 맞다면 유럽의 중요한 수학자들 가운데서 우리와 의견이 다른 이들은 거의 없을 겁니다. 진리의 힘은 그렇게 위대한 법이니까요.

하지만 갈릴레오는 그로부터 10년이 넘도록 케플러의 충고에 따르지 않았습니다. 케플러와 달리 상당히 몸을 사리는 편이었거든요. 케플러의 책 〈우주의 신비〉는 갈릴레오뿐만 아니라 역사상 가장 위대한 관측 천문학자 튀코 브라헤도 봤습니다. 당시 신성 로마 제국의 황실 수학자였던 튀코는 케플러의 천재성을 곧바로 알아봤습니다.

얼마 후 케플러는 한 귀족의 도움을 받아 프라하에서 튀코를 만났고, 29세였던 케플러는 53세 튀코의 제자가 돼서 같이 일을 하게 됩니다. 케플러에게 엄청난 기회였죠. 케플러는 시력이 나빴지만 튀코는 시력이 굉장히 좋았거든요. 시력이 5.0이라는 소문이 있을 정도였습니다. 튀코는 망원경이 발명되기 무려 35년 전부터 맨눈으로 하늘을 관측한 결과를 발표해서 이름을 날렸습니다. 1,000개가 넘는 행성을 관측한 방대한 데이터를 갖고 있었고 수치도 매우 정확한 편이었습니다. 다만 튀코는 수학적인 능력이 부족했는데 케플러가 거기에 딱이었던 거죠.

최고의 관측 천문학자와 최고의 수학자의 만남. 일이 일사천리로 풀릴 것 같았지만, 사실 이 둘의 관계는 썩 좋지 않았습니다. 튀코 입장에선 케플러가 생판 남이었거든요. 튀코는 케플러를 경계해서, 자신이 평생 관측해서 모은 데이터를 주기 싫어했습니다. 그래서 자료를 아주 조금씩만 줬죠. 여러모로 둘은 절대 우호적인 사이가 아니었는데요. 마치 운명의 장난처럼 둘이 같이 일한 지 1년 반 만에 튀코는 방광염이 악화돼 사망했습니다. 죽는 순간에 튀코는 자신의 우주 모델이 맞다는 걸 케플러가 증명해 주길 바란다며, 관측 데이터를 전부 케플러에게 넘긴다는 유언을 남겼죠. 오히려 튀코의 죽음이 케플러에게 행운이 돼 버린 겁니다.

갈릴레오가 망원경으로 발견한 것

한편, 튀코가 물려준 관측 자료로 날개를 단 케플러처럼 갈릴레오도 파도바대학에서 수학 교수로 임명된 후로 승승장구하는데요. 여기서 중요한 전환점을 맞게 됩니다. 바로 망원경을 만든 거죠. 다만 갈릴레오가 최초로 망원경을 발명한 건 아닙니다. 망원경은 네덜란드에서 최초로 만들어졌고, 갈릴레오는 이탈리아에 도착한 망원경을 보고 '어, 이거 개선할 수 있겠는데?'라는 생각에 훨씬 더 배율이 높은 망원경을 제작한 겁니다.

하지만 갈릴레오는 이 망원경을 가지고 연구만 하지 않았습니다. 갈릴레오는 케플러와 달리 사회생활을 잘하고 성공 지향적인 사람이었거든요. 그래서 베네치아의 지역 유지들을 모시고 종탑에 올라갔습니다. 그곳에서 망원경으로 해안가를 보여주면서 적들을 멀리서도 크게 볼 수 있다며 홍보한 거예요. 또 갈릴레오는 베네치아 총독에게 망원경을 선물해 파도바대학의 종신 교수직을 제안받았습니다. 급여도 2배로 올랐죠. 그 후 갈릴레오는 훨씬 더 배율이 높은 망원경을 만드는 데 성공했습니다. 갈릴레오가 대단했던 점은 지상이나 해상을 관찰하던 망원경으로 하늘을 올려다봤다는 겁니다. 이때가 1609

▲ 갈릴레오가 제작한 망원경

년이었는데, 400년이 지난 2009년은 갈릴레오가 처음으로 망원경으로 우주를 본 것을 기념하며 세계 천문의 해로 지정됐죠.

망원경은 갈릴레오에게 태양중심설에 대한 결정적인 증거들을 가져다줬습니다. 어느 날 망원경으로 목성을 관측하던 갈릴레오는 목성 근처에서 별들이 나타났다 사라졌다 하는 모습을 보게 됐습니다. 갈릴레오는 이 별들이 목성 주위를 돌기 때문에 목성에 가려서 그런 현상이 일어난다는 사실을 알게 됐죠. 즉 목성을 중심으로 도는 위성을 발견한 겁니다. 이는 어마어마한 발견이었습니다. 지구 중심설은 모든 천체가 오직 지구 주위를 공존한다고 주장했는데, 목성의 위성들은 지구가 아닌 목성을 중심으로 돌기 때문이죠. 그전까지 이론적으로만 알려져 있던 태양중심설의 모형이 실제로 하늘에 존재하고 있다는 걸 보여준 겁니다.

사회생활의 천재였던 갈릴레오는 이 4개의 위성에 자신을 후원했던 명문가 메디치 가문의 이름을 붙여서 '메디치의 별'이라고 불렀습니다. 그리고 이 발견에 대해선 〈시데리우스 눈치우스〉라는 책으로 발표했는데, 메디치 가문에 대한 헌사를 눈치껏 쏟아부었죠. 그 덕분에 갈릴레오는 메디치 가문의 궁정 수학자이자 자연철학자가 되면서

▲금성은 태양 주위를 돌기 때문에 다양한 위상 변화를 보여준다.

'커리어 하이'를 찍었습니다. 당시엔 수학자보다 자연철학자의 지위가 더 높았거든요.

그런데 당시 메디치 가문이 예측하지 못한 게 있습니다. 바로 지금은 그 위성을 아무도 메디치의 별이라고 부르지 않고 '갈릴레오 위성'이라고 부른다는 겁니다. 이오, 유로파, 가니메데, 칼리스토가 그 위성들이죠. 갈릴레오는 지구중심설에 반박할 결정타인 금성의 위상변화를 알아냈습니다. 위상변화는 지구에서 봤을 때 달의 모습이 초승달에서 보름달로 계속 변하는 것이라고 생각하면 됩니다.

만약 태양과 금성이 지구를 중심으로 돌고 있다면, 금성의 모습은 초승달이나 그믐달 모양에서 반달이 채 안 되는 모양까지만 변화해야 합니다. 그런데 갈릴레오가 관측해 보니 금성도 달처럼 초승달, 그믐달, 반달, 보름달 모양까지 다양한 위상 변화를 보여준 거예요. 금성이 태양 주위를 돌면서 다양한 각도에서 빛을 반사하기 때문에 발생하는 일이었죠.

　기존의 우주관을 반박하는 증거는 또 있었습니다. 바로 태양의 흑점입니다. 흑점은 태양에 있는 검은 영역인데, 주변의 온도보다 낮아서 까맣게 보입니다. 흑점의 크기는 매우 커서 거대 흑점은 지구 89개가 들어갈 정도의 크기라고 합니다. 거기다 갈릴레오는 흑점이 고정적인 게 아니라 위치와 길이가 변하기도 하고 사라지기도 한다는 걸 발견했습니다. 이는 태양이 자전한다는 증거였습니다. 당시 아리스토텔레스의 우주관에 따르면 태양은 흠 하나 없이 깨끗한 존재였습니다. 그런데 갈릴레오는 태양에도 흠이 있다는 사실을 발견해 아리스토텔레스의 우주관을 정면으로 반박했죠. 종교계는 신이 만든 천상계를 모독하는 주장이라면서, 흑점은 태양의 흠이 아니라 근처 천체들의 그림자라며 반박했습니다. 아리스토텔레스의 신봉자들은 갈리레오가 망원경으로 관측한 것들을 허상이라고 주장했죠.

　이때 갈릴레오에게 편지를 보내 격려해 준 사람이 있었습니다. 바로 케플러였죠.

> 선생이 밝힌 증거를 보고 나니 그 천체들의 실체를 인정하지 않을 수 없군요.
> 아무것도 모르는 사람들의 비난이나 조롱, 의구심을 뒤로하고 그 천체들을 직접 관찰하고 연구함으로써 무지라는 유령을 멀리 쫓아버린 선생님께 마땅히 받아야 할 칭찬을 해드리고 싶습니다.

　하지만 갈릴레오와 케플러는 학계에서 소수파였습니다. 1616년 갈릴레오는 교황청의 심기를 거스른 죄로 교황청에 소환당해 심문받았

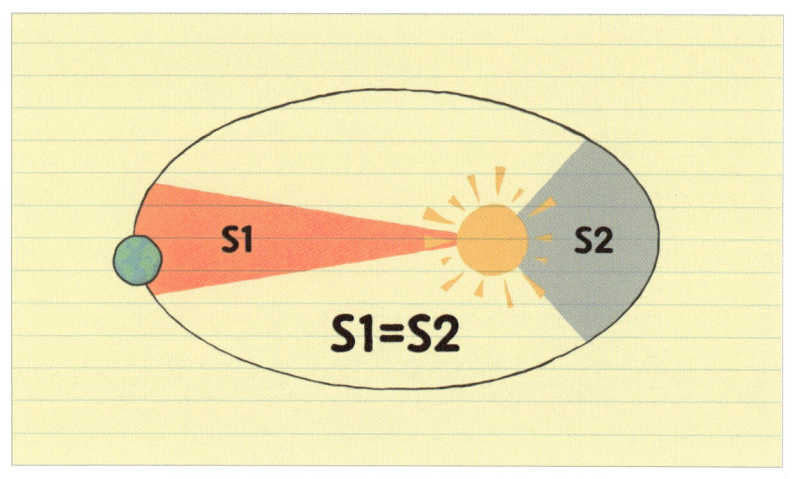

▲케플러의 제2법칙. 행성이 태양과 가까우면 속도가 빨라지고, 멀어지면 속도가 느려져 S1과 S2의 면적은 항상 같다.

습니다. 다행히 형벌을 받지 않았는데, 대신 더 이상 태양중심설을 신봉하거나 옹호하지 말라고 경고를 받았죠.

케플러, 우주의 길잡이가 되다

한편 튀코의 황실 수학자 자리를 물려받은 케플러는 어떻게 됐을까요? 사실 말이 수학자지 황실의 점성술사 같은 일을 해야 했습니다. 케플러는 별을 보고 점치는 걸 무식하다고 생각했지만 생업을 위해 평생 이 일을 하는데요. 황실의 비위도 맞춰야 하고 연구도 병행해야 하니 그의 위대한 업적인 케플러 법칙이 탄생하는 데는 훨씬 오랜 시간이 걸렸습니다.

케플러 법칙은 앞에서 말씀드린 것처럼 천문학의 기초가 되는 이

정표로, 재미있는 건 제1법칙이 아니라 제2법칙이 가장 먼저 나왔고, 그다음에 제1법칙과 제3법칙이 나왔다는 겁니다.

튀코가 남긴 관측 데이터로 케플러가 가장 열심히 한 일은 화성 궤도 계산이었습니다. 코페르니쿠스의 말대로 화성이 태양을 중심으로 원 모양의 궤도를 돈다고 간주하고 계산했는데, 8년이 걸려도 미묘한 오차가 있어서 계산이 맞아떨어지지 않는 거예요. 고생 끝에 마침내 1602년, 케플러 제2법칙을 내놓습니다. 케플러 제2법칙은 태양과 행성을 잇는 직선이 같은 시간 동안 같은 넓이를 휩쓸고 지나간다는 겁니다. 행성이 태양에 가까우면 속도가 빨라지고, 태양에서 멀어지면 느려지지만 같은 시간 동안 만들어내는 면적은 항상 같다는 겁니다. 이렇게 태양과 행성 사이의 거리가 일정하지 않다는 건 행성의 궤도 모양이 원이 아니라 타원형이라는 증거였습니다. 여기서 바로 케플러 제1법칙이 탄생합니다. 모든 행성의 궤도는 태양을 하나의 초점에 두는 타원 궤도라는 것이죠. 다시 말해 행성은 태양의 둘레를 타원 궤도로 돌고 있고, 태양은 타원의 두 초점 중 하나에 위치하고 있다는 겁니다.

이는 완벽한 원형 궤도를 신봉하던 당시엔 혁명적인 발상이었습니다. 천 년 넘게 이어져 온 선입견을 과감히 버리고 실제 데이터와 수학이 만들어낸 결론을 받아들였다는 것이 바로 케플러의 위대함입니다.

1609년 케플러는 이 두 법칙을 담은 책 〈새로운 천문학〉을 출간했는데요. 세상을 뒤집을만한 발견 같지만 실은 출간 후에도 큰 반향이 없었습니다. 케플러는 당시 그만큼 위대한 사람은 아니었거든요.

재미있는 사실은 케플러가 행성을 너무 사랑한 나머지 행성을 가지고 작곡을 하기도 했다는 겁니다. 케플러는 각 행성이 움직이는 속도에 따라서 다른 소리가 난다고 생각했습니다. 그래서 행성에 맞는 음을 만들었는데, 지구는 미와 파, 화성은 도와 솔, 수성은 소프라노, 토성은 베이스였습니다. 케플러는 이 음들을 악보에 옮기면 우주의 음악이 연주되고 그 지휘자가 바로 신이라고 생각했습니다. 케플러의 세계관도 아직 그가 살던 시대에 묶여 있던 거죠.

이렇게 우주를 조화로운 음악 같다고 생각한 케플러는 1619년 〈우주의 조화〉라는 책을 출간했습니다. 여기에서 케플러 제3법칙이 발표됐는데요. 제3법칙은 조화의 법칙으로, 행성의 공전주기의 제곱은 행성과 태양 사이 평균 거리의 3제곱에 비례한다는 법칙입니다. 쉽게 말하면 태양에서 멀리 떨어진 행성일수록 더 천천히 움직인다는 뜻입니다. 예를 들어 한 행성이 태양을 한 바퀴 도는 시간이 8이라면, 타원의 가장 긴 반지름은 4라는 것을 알 수 있죠. 8의 제곱은 64, 4의 3제곱은 64니까요. 이 법칙에 따라서 태양에서 가장 가까운 수성은 공전 주기가 88일, 금성은 225일, 지구는 365일, 화성은 687일임을 계산할 수 있습니다. 케플러가 세상을 떠나고 한참 뒤에 발견된 천왕성과 해왕성도 조화의 법칙을 완벽하게 따르고 있죠. 이제 칼 세이건이 케플러 법칙을 왜 우주의 이정표라고 했는지 이해가 되시죠?

이렇게 17년 만에 케플러 법칙 3개가 모두 완성됐습니다. 이 법칙이 중요한 이유는 태양으로 인해 행성의 운동이 결정된다는 걸 수학적으로 뒷받침했기 때문입니다. 즉 태양중심설의 수학적 근거를 밝힌 거죠.

케플러와 갈릴레오의 위기

 이렇게 위대한 업적을 남겼지만 케플러의 삶은 녹록지 않았습니다. 루터 교회 신도였지만 정통을 따르지 않는다는 이유로 박해받았고, 이사도 자주 다니고 생계도 힘들었죠. 그중에서 가장 케플러를 고통스럽게 한 건 1615년에 어머니가 마녀로 고발당한 일이었습니다. 케플러의 어머니는 약초를 이용한 민간요법을 신봉했는데요. 당시에는 특별한 일이 아니었지만 민간요법이라는 이유로 마녀로 몰리고 말았습니다. 그때는 마녀라는 이유로 화형을 당하는 사람이 많았죠. 케플러는 몇 년간 법정에서 어머니를 변론하느라 애를 썼습니다. 다행히 어머니는 누명을 벗었지만 고된 감옥살이로 출소 후 반년 만에 세상을 떠났습니다.

 그런 어려운 시간 속에서도 케플러는 연구를 손에서 놓지 않았어요. 1624년에는 필생의 역작인 루돌프 행성 운행표를 완성합니다. 루돌프는 케플러가 모시던 신성 로마 제국의 황제였습니다. 당시 대중은 행성의 위치를 더 정확하게 알고 싶어 했는데, 행성의 위치가 정확할수록 점성술의 예언력이 높아진다고 믿었기 때문입니다. 케플러가 완성한 루돌프 표는 코페르쿠스가 만든 운행표보다 30배나 더 정확했습니다. 그래서 항해사나 지도 제작자들에게 100년 이상 필수적인 자료로 쓰였습니다.

 이렇게 사회적으로 인정받았지만 케플러의 만년은 불운했습니다. 황실의 수학자로 일할 때 재정난 때문에 급여가 자주 밀렸거든요. 궁핍했던 케플러는 못 받은 급여를 받기 위해 길을 나섰습니다. 늙은 말을 끌고 추운 날 먼 길을 가다가 병에 걸렸고, 58세에 세상을 떠나고 맙니다. 심지어 그의 무덤도 30년 전쟁 중에 훼손되어 완전히 사라졌습니다. 다만 그가 직접 쓴 묘비문만 남아서 전해지고 있죠.

어제는 하늘을 재더니 오늘 나는 어둠을 재고 있다.
나는 뜻을 하늘로 뻗쳤지만 육신은 땅에 남는구나.

한편 교황청에 호출된 갈릴레오도 위기를 맞았습니다. 교황청의 경고를 받고 10여 년간 조용히 지내던 갈릴레오가 다시 자신의 뜻을 펼치려고 나섰거든요. 측근들이 교황청의 요직에 자리잡는 걸 보고 이때다 싶어서 태양 중심설을 한번 더 주장하려고 한 겁니다. 당시 바다의 밀물과 썰물 현상에 관심이 있었던 갈릴레오는 1632년에 이 내용을 다룬 〈대화〉라는 책을 출간합니다. 이 책은 출간 직후부터 엄청난 인기를 끌었죠. 출판된 지 몇 달 만에 교황청이 금서로 지정했는데도 책 가격이 12배까지 폭등했을 정도였습니다.

갈릴레오는 이 책으로 결국 종교 재판까지 받게 됩니다. 여기에는 교황의 분노와 배신감이 숨어 있었는데요. 당시 교황이었던 우르바노 8세는 갈릴레오를 친한 친구라고 생각했습니다. 둘은 대학 동창이었고, 우르바노 8세는 교황이 된 뒤에도 갈릴레오를 극진히 대접하곤 했습니다.

대체 〈대화〉에 어떤 내용이 있었기에 교황이 커다란 배신감을 느꼈던 걸까요? 〈대화〉는 연극 형식입니다. 두 명의 철학자와 한 명의 지적인 시민이 등장해서 태양중심설과 지구중심설에 대해 4일간 토론하는 내용이죠. 태양중심설을 옹호하는 철학자는 살비아티, 지구중심설을 옹호하는 철학자는 심플리치오, 그리고 그 둘을 중재하는 시민은 사그레도였습니다. 어떤 토론이 진행됐는지 살짝 들여다볼까요?

살비아티 만약 지구가 움직이지 않으면 바닷물의 밀물과 썰물은 저절로 일어날 수가 없다네. 그릇에 담긴 물로 생각해 보면, 물의 움직임은 물을 담고 있는 그릇이 움직이지 않는 한 불가능한 것과 마찬가지라네.

심플리치오 지구의 움직임 때문에 조수가 생긴다는 것은 엉터리 같네. 그럴 법한 설명이 제기가 되지 않는 한 나는 이게 초자연적인 현상이라고 주저없이 말하겠네. 이것은 기적이라네. 그릇을 움직이지 말고 다른 방법을 써서 설명해 주게.

사그레도 심플리치오. 이것을 자네가 제시한 터무니없는 의견과 같은 것으로 분류하려 하지 말게. 기적이라는 말은 함부로 쓰면 안 돼. 자연의 범위에서 모든 주장들을 다 검토하고 난 다음에야 기적을 찾아야 하네.

—《Dialogue Concerning the Two Chief World Systems》 중

여러분은 눈치챘나요? 살비아티는 갈릴레오를 대변하는 인물이었습니다. 그리고 중재자인 사그레도는 사실 살비아티 쪽으로 기울어 있죠. 가장 큰 문제는 태양중심설을 반대하는 심플리치오였습니다. 이름에서부터 '심플', 즉 뇌 구조가 단순한 인물이라는 점을 시사하는데요. 어리석은 모습으로 나오는 심플리치오가 교황인 우르바노 8세를 모델로 만들어졌다는 소문이 돌면서 교황이 분노한 겁니다.

사실 〈대화〉에 나오는 내용에는 틀린 부분이 있습니다. 갈릴레오는 밀물과 썰물을 지구의 공전과 자전으로 설명했는데, 사실 밀물과 썰물은 지구와 달 사이의 중력 때문에 생기는 현상입니다.

그럼 〈대화〉는 실패한 책일까요? 그렇지 않습니다. 라틴어가 아니라 대중이 읽기 쉬운 이탈리어로 쓰여 흥행에 성공했습니다. 무엇보다 당시 권위의 끝판왕이었던 종교와 과학의 충돌을 상징하는 역사적인 책으로 남았죠.

자, 그럼 종교 재판에 끌려간 갈릴레오는 어떻게 됐을까요? 우리가 알고 있는 것처럼 과학적인 신념을 지키기 위해 거세게 저항하는 모습은 아니었습니다. 대신 고문하겠다고 위협하는 신문관 앞에서 무릎 꿇고 이렇게 선서했죠.

> 태양이 우주의 중심이라는 거짓 의견을 완전히 버리겠습니다.
> 앞으로는 이단의 의혹을 받을 수 있는 그 어떤 것도 말이나 글로 주장하지 않겠습니다.

그럼에도 갈릴레오는 16년 전 자신이 교황청에 맹세한 서약을 어겼다는 죄로 유죄를 선고받습니다. 그나마 다행인 건 사형 대신 평생 집에 갇혀 지내는 종신 가택 연금이 내려진 거죠. 그때 갈릴레오의 나이가 70세였는데, 갈릴레오보다 어렸던 케플러가 이미 세상을 떠난 뒤였죠.

이쯤에서 한번 상상해 볼까요? 과연 갈릴레오는 코페르니쿠스의 아이디어를 함께 지지했던 케플러가 세상을 떠난 걸 슬퍼했을까요? 어쩌면 슬퍼하지 않았을지도 모릅니다.

갈릴레오는 케플러와 성격이 확연히 달랐습니다. 콧대도 높고 세속적인 성공을 추구했으며 정치적인 감각이 발달했죠. 그는 케플러와 약 20년간 편지를 교류했지만 케플러만큼 적극적이진 않았습니다. 갈릴레오는 목성과 금성의 관측 결과를 담은 책을 출간할 때 케플러에게 여러 번 자문을 구했는데요. 케플러는 그때마다 아낌없는 조언을 해줬습니다. 갈릴레오가 비난을 받을 때마다 앞에 나서서 그의 편을 들어주기도 했죠.

하지만 갈릴레오는 케플러에게 고맙다는 말을 한마디도 하지 않았습니다. 심지어 태양중심설에 대해 케플러와 같은 입장이었지만 케플러가 만든 법칙을 끝내 받아들이지 않았어요. 행성의 궤도는 타원형이 아니라 원형이라는 의견을 고수했죠. 그럼에도 케플러는 갈릴레오에 대한 불만을 표현하지 않았어요.

그런데 갈릴레오는 케플러에게 왜 미적지근한 반응을 보였을까요? 여러 가지 이유를 추측할 수 있는데요. 우선 갈릴레오는 케플러를 동등한 위치로 생각하지 않았을 가능성이 높다고 합니다. 케플러가 갈릴레오보다 나이도 어리고 직업적인 신분도 낮았으니까요. 또 갈릴레오가 교황청이 감시를 받고 있었기 때문에 공개적으로 케플러와 연대하는 것에 조심스러워했다는 이야기도 있습니다.

사실 업적으로 보면 케플러는 갈릴레오 못지않게 천문학계에 한 획을 그은 사람인데요. 그런데 왜 갈릴레오에 비해 유명하지 않은 걸까요? 그리고 케플러도 태양중심설을 적극적으로 지지했는데 왜 종교 재판을 받지 않은 걸까요?

여기에는 여러 가지 이유가 있습니다. 우선 케플러 법칙은 수학에 기반하고 있기 때문에 이론적 근거에 불과했습니다. 반면 갈릴레오는 목성, 금성, 태양, 달처럼 눈에 보이는 관측적인 증거들을 제시했죠. 수학보다 사람들이 이해하기 훨씬 쉬우니까 더 많이 알려졌을 겁니다.

케플러는 종교 재판을 받지 않았기 때문에 드라마틱한 요소도 부족했는데요. 케플러는 신앙심이 깊었기 때문에 자신의 발견을 설명할 때도 신학적인 언어를 사용했습니다. 그래서 종교계에 덜 밉보였던 거죠.

두 과학자가 쏘아 올린 천문학의 이정표

종교가 절대적인 권력을 갖던 시절, 감히 종교에 반대되는 질문을 하고 답을 찾아냈던 두 사람, 갈릴레오와 케플러 덕분에 하늘은 더 이상 신의 영역이 아닌 과학의 영역이 되었습니다. 지금의 우리가 거대한 천체 망원경을 만들고 인공위성을 우주로 쏘아 올릴 수 있는 건 이 두 사람이 뿌린 씨앗 덕분이죠. 두 사람의 업적은 시간이 흐를수록 위대하게 자리 잡았습니다.

교황청의 탄압으로 장례식과 묘비를 금지당했던 갈릴레오의 유해는 교회 지하실에서 방치되다가 죽은 지 약 100년이 지나서 위인들이 안치된 곳으로 옮겨졌습니다. 그리고 사후 350년이 지난 1992년 교황인 요한 바오로 2세가 교회가 갈릴레오에게 유죄를 선고한 건 실수였다고 공개적으로 사과했죠.

또 2009년 나사의 첫 행성 사냥꾼이라 불리는 우주망원경이 발사됐는데요. 이 망원경의 이름은 케플러 우주망원경이었습니다. 천문학에 대한 케플러의 기여를 기리기 위해 그의 이름을 붙인 거죠.

이 우주망원경은 인류가 그때까지 찾은 외계 행성의 70%를 발견하는 업적을 세우고 2018년에 은퇴했습니다. 물론 1989년 발사된 나사의 목성 탐사선에도 갈릴레오라는 이름이 붙었습니다. 심지어 케이팝 열풍을 주도하는 대한민국에서는 '케플러$_{Kepler}$'라는 아이돌그룹의 '갈릴레오$_{Galileo}$'라는 곡이 등장하죠.

인류의 진보는 의문과 질문에서 시작됐습니다. 여러분도 망설이지 않고 질문하는 용기를 갖길 바랍니다. 이번 강의는 400년 전에 우주 탐사를 꿈꿨던 케플러의 아름다운 질문으로 마무리하겠습니다.

> 우주 비행을 하도록 돛이 달린 배를 내게 주시오.
> 만약 거기 누군가가 살고 있다면 과연 누가 살아야 할까요?
> 우주의 주인은 우리일까요? 아니면 그들일까요?
> 이 모든 게 정말 인간을 위해 만들어진 것일까요?

천재의 동의어들

아이작 뉴턴
1642.12.25. ~ 1726.03.20.

고트프리트 라이프니츠
1646.07.01. ~ 1716.11.14.

로버트 훅
1635.07.28. ~ 1703.03.03.

요즘 챗GPT나 제미나이(Gemini) 인공지능 서비스를 사용하는 사람이 많죠. 이와 관련해 표절 등 저작권에 관한 문제가 불거지고 있는데요. 예전부터 과학자들 사이에서도 논문을 발표하면 누군가 자신이 원조라며 말이 많았습니다.

우리가 교과서에서 배우는 대표적인 과학 이론들도 마찬가지입니다. 어떤 과학자가 정립했다고 널리 알려진 이론들도 당시 '원조' 논쟁이 있었습니다. 4강에서는 "내가 이 이론의 원조다!"라고 싸운 과학자들의 논쟁을 소개해 보겠습니다.

뉴턴의 이론들은 전부 뉴턴의 것이 맞을까?

1936년 영국의 존 케인스John Keynes라는 경제학자가 세계적으로 유명한 한 과학자의 기록을 분석하다가 놀라운 사실을 발견했습니다. 근대 최초의 과학자로 알려진 이 사람이 사실은 마지막 마법사였다는 건데요. 왜 '마법사'라는 말을 썼을까요? 바로 금이 아닌 물질을 금으로 바꾸는 연금술에 심취해 있었기 때문입니다.

우리가 알다시피 연금술은 불가능합니다. 그런데 이 과학자는 연금술에 대해 무려 100만 개의 단어에 이르는 기록을 남겨뒀다고 합니다. 비밀스러운 연금술에 심취해서 무려 30년 동안 실험하고 익명으로 활동하기도 했던 사람, 그리고 위인전 시리즈에 반드시 이름이 실리는 사람. 이 과학자는 과연 누구일까요? 바로 아이작 뉴턴Isaac Newton입니다.

1979년 과학자들이 뉴턴의 머리카락을 분석해 본 결과, 수은이 정상치보다 15배 이상 검출됐다고 합니다. 당시 연금술사들은 금속의 성분을 분석할 때 맛을 조금씩 봤거든요. 뉴턴도 중금속을 장기간 섭취하다 중독에 이르렀는데, 50세쯤 됐을 때는 심각한 망상증과 온갖 정신병적인 증세를 보였습니다. 알고 보니 수은중독의 증상과 비슷하다는 게 나중에야 밝혀졌습니다.

과학 천재 뉴턴

뉴턴은 갈릴레오가 세상을 떠나고 약 1년 후인 1642년 크리스마스에 태어났습니다. 지금은 세상을 바꾼 거인 같은 사람이지만, 출생 당시에는 어머니의 뱃속에서 열 달을 채우지 못하고 미숙아로 태어났습니다. 태어났을 때 너무 작아서 작은 찻주전자에 들어갈 정도였다고 합니다. 거기다 아버지가 돌아가신 상태로 태어났고, 어머니는 재혼하는 바람에 조부모님 손에서 자랐죠. 어릴 때 부모의 사랑을 거의 받지 못해서 결핍이 있었다고 해요.

뉴턴의 어머니는 뉴턴이 10대 때 돌아왔는데, 공부를 잘했던 뉴턴을 학교에서 중퇴시킵니다. 어머니가 큰 농장을 해서 뉴턴이 농장을 물려받길 원했거든요. 그런데 뉴턴이 농장 일에 전혀 관심이 없었고, 친척들이 어머니를 설득한 덕분에 다행히 2년 만에 학교로 복귀하게 됐습니다. 하마터면 과학계의 천재를 놓칠 뻔했죠.

그렇게 뉴턴은 19세에 런던의 케임브리지대학에 입학했습니다. 하급 근로 장학생으로 입학했는데, 부유한 학생들의 하인 역할을 하면서 학비를 충당하며 학교에 다녔습니다. 남의 요강도 비워주고 아침에 깨워주기도 해야 했죠. 뉴턴의 집안이 가난한 건 아니었지만, 뉴턴이 공부하는 게 탐탁지 않았던 어머니가 학비와 생활비를 최소한만 준 탓이었습니다. 그래서 이렇게 온갖 허드렛일을 하면서 공부한 뉴턴은 혼자 도서관에 틀어박혀 독학했습니다.

뉴턴이 특히 관심을 가졌던 분야는 하늘에 있는 천체의 움직임이었어요. 아리스토텔레스, 코페르니쿠스, 갈릴레오, 케플러 같은 과학자 선배들의 책을 읽으며 꿈을 키웠죠. 그러다 1666년 뉴턴의 천재성이 드디어 두각을 보이기 시작했습니다. 이때 유럽에 흑사병이 창궐했는데, 페스트라고도 불리는 이 흑사병은 유럽 인구의 3분의 1을 사망시켰죠.

뉴턴이 다니던 대학도 문을 닫아서 뉴턴도 어쩔 수 없이 고향에 가게 되는데요. 여기서 2년간 혼자 연구에 매진하던 뉴턴은 빛나는 업적을 줄줄이 내놓았습니다. 만유인력의 법칙에 대한 아이디어를 얻고, 수학과 과학의 필수 도구인 미적분의 기초를 다졌습니다. 빛에 관한 연구도 상당 부분 진행시켰습니다. 이때가 고작 24세 때였는데, 뉴턴이 나중에 발표한 대표적인 이론들이 이때 연구한 것을 발전시켜서 정리한 겁니다. 그래서 과학계에선 1666년을 '기적의 해'라고 부릅니다. 과학사에서 기적의 해라고 불리는 시기가 딱 두 번인데요. 한 번은 1905년, 바로 아인슈타인이 특수상대성이론, 광전효과 같은 엄청난 이론들을 한꺼번에 발표한 때였죠.

이렇게 기적을 일으킨 뉴턴은 그 시기에 대해 이런 말을 남겼습니다.

당시 나는 창의력이 정점에 도달해 있었고, 그 어느 때보다도 수학과 철학을 생각하고 있었다.

이렇게 젊은 나이에 유명해진 뉴턴은 27세에 케임브리지대학 역사상 최연소로 수학과 석좌 교수가 됐습니다.

조폐국장 뉴턴

뉴턴에 대한 재미있는 이야기 몇 개를 소개해 보겠습니다. 뉴턴은 의외로 평생 과학자로만 살진 않았습니다. 50대부터 죽을 때까지 약

30년간 영국의 조폐국장을 지냈어요. 우리나라의 한국은행 총재 같은 겁니다. 아니, 과학자가 갑자기 웬 은행일까요? 뉴턴은 50대에 신경쇠약이 와서 연구를 접으려고 했는데, 재무부 장관이던 친구가 뉴턴에게 조폐국 감사로 와달라고 제안했습니다. 일이 별로 없는 편한 자리인데 연봉을 교수보다 4배 더 준다고 해서 뉴턴은 승낙했죠.

하지만 막상 일을 해보니 일이 너무 많았습니다. 당시 영국에서 위조화폐가 판을 칠 때였거든요. 당시 유통되던 화폐의 무려 10%가 위조화폐였다고 합니다. 그땐 동전을 금과 은으로 만들었는데, 몇몇 사람들이 동전 가장자리를 조금씩 깎아 또 유통시켰습니다. 깎아내도 티가 나지 않았기 때문에 가능한 일이었습니다.

뉴턴은 어떻게 하면 위조를 막을지 고민하다가 아이디어를 냈는데, 놀랍게도 이 방법이 현대의 동전에도 쓰이고 있습니다. 동전의 가장자리에는 톱니바퀴처럼 홈이 나 있죠? 이것이 바로 뉴턴의 아이디어였습니다. 동전을 깎아내면 홈이 사라져 티가 나고, 위조가 어려워집니다. '홈이 사라진 동전은 더 이상 화폐로서의 기능을 하지 못한다'고 정하니 깔끔하게 문제를 해결할 수 있었죠.

뉴턴은 조폐국에서 위조화폐범도 많이 검거했습니다. 당시 화폐 위조는 중범죄로, 교수형에 처한 뒤 신체를 토막냈을 정도로 처벌받았다고 하죠. 그런데 수십 명을 검거한 뉴턴도 몇 년 동안 잡지 못한 악질 위조범이 있었습니다. 한화로 70억 원이 넘는 위조화폐를 만든 윌리엄 첼로너William Chaloner라는 사람입니다.

첼로너는 교묘하게 법망을 피해 다녔어요. 그런데 뉴턴도 보통 사람이 아니었습니다. 첼로너를 잡기 위해 스파이를 3중으로 두고 공범의 형량을 깎아주면서까지 정보를 캐냈습니다. 결국 첼로너는 뉴턴에게 체포돼 교수형을 당했죠. 뉴턴은 이런 공로를 인정받아서 조폐국에 부임한 지 3년 만에 조폐국장으로 승진하고 높은 연봉을 받았습니다. 일을 쉬려고 들어간 조폐국에서 승진하다니, 대단합니다.

하지만 뉴턴은 이렇게 번 돈을 가지고 만년에 주식 투자를 했습니다. 당시 영국은 이미 주식 거래가 상당히 발달한 상태였는데, 남해회사 버블이라는 근대 3대 투기 사건 중 하나였습니다. 뉴턴도 막판에 거액을 투자했다가 쫄딱 망하고 말았습니다. 한화로 약 20억 정도 손실을 봤죠. 이 사건을 겪고 뉴턴은 이런 말을 남겼습니다.

나는 천체의 움직임은 계산할 수 있어도 인간의 광기는 계산할 수 없다.

뉴턴 같은 천재에게도 주식은 어려웠던 거겠죠.

뉴턴이 투자뿐만 아니라 정치에도 소질이 없었습니다. 뉴턴은 40대 중반에 국회의원으로 선출된 적이 있었는데, 교수 시절에 케임브리지대학의 추천을 받아 오늘날의 정당 비례대표로 국회의원이 된 겁니다. 그런데 뉴턴의 정치적 활동은 알려진 게 거의 없습니다. 성격이 내성적이고 말이 별로 없었기 때문입니다. 국회의원으로 일하는 동안 의회에서 발언을 딱 한 번 했을 정도였죠.

창문 좀 닫아주세요.

뉴턴은 몸이 약해서 감기 걸리는 것을 늘 불안해했기 때문이었습니다. 그런데 뉴턴이 이 말을 하자 박수가 터져 나왔다고 합니다. 그

동안 뉴턴이 얼마나 말을 안 했는지 아시겠죠? 창문을 닫아달라는 짧은 말이라도 대단하게 느껴질 정도였다고 하네요.

떨어지는 사과로 만유인력의 법칙을 떠올리다

'뉴턴' 하면 뭐가 가장 먼저 떠오르나요? 떨어지는 사과를 보고 만유인력의 법칙을 생각해낸 일화를 떠올리는 사람들이 많은데요. 뉴턴이 흑사병으로 고향에 와 있던 시기, 정원에서 떨어지는 사과를 보고 이런 생각을 했다고 합니다.

> 사과는 왜 아래로 똑바로 떨어지는 걸까?

고민하던 뉴턴은 지구와 사과 사이에 끌어당기는 힘, 즉 인력이 작용한다고 생각했습니다. 무게가 적게 나가는 사과가 무게가 무거운 지구 쪽으로 떨어진다는 거였죠. 뉴턴은 사고를 확장해 '사과는 떨어지는데 저기 하늘에 있는 달은 왜 안 떨어지는 걸까?'라는 생각에 이르렀죠. 여기서 뉴턴은 달도 사실은 떨어지고 있다는 혁신적인 생각을 했습니다.

뉴턴은 왜 달이 떨어지고 있다고 생각한 걸까요? 뉴턴은 갈릴레오가 주장한 관성의 개념에서 힌트를 얻었습니다. 예를 들어 마찰이 없는 경사면에 달을 굴린다고 생각해 봅시다. 달이 경사면을 따라 땅으로 떨어지겠죠. 그런데 달이 땅으로 떨어지지 않게 할 수 있습니다.

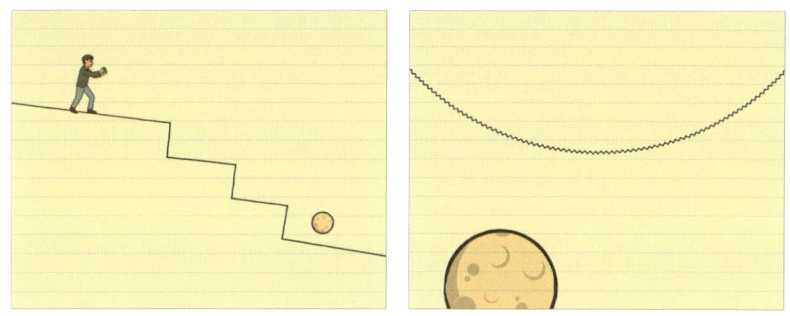
▲달이 떨어지는 경사면을 계속 내리면 둥근 형태가 된다.

달이 땅에 떨어지기 전에 경사면을 계속 내리는 거예요. 지속적으로 내리면 경사면은 결국 둥근 형태가 됩니다. 이게 바로 지구입니다. 이렇게 하면 달은 계속 지구 주변을 돌고 있는 것처럼 보이지만 사실은 떨어지고 있는 거죠.

뉴턴의 생각을 그대로 적용해서 만든 게 바로 인공위성입니다. 인공위성도 달과 같은 원리로 지구에서 계속 떨어지고 있는데 지구 주위를 돌고 있는 것처럼 보이죠. 뉴턴은 지구와 사과, 지구와 달 사이에 있는 인력이 우주 만물에 적용된다는 통찰에 이르렀는데요. 이것이 만유인력의 법칙입니다. 만유인력은 만물이 서로를 끌어당기고 있다는 뜻입니다. 사과와 지구도, 달과 지구도, 지구와 태양도 중력으로 서로를 끌어당기고 있죠.

그런데 놀라운 사실은, 사과를 보고 만유인력의 법칙을 생각해냈다는 이야기는 뉴턴이 지어냈을 가능성이 있다는 겁니다. 사과에 대한 이야기는 뉴턴이 죽기 1년 전 조카의 남편에게 처음 이야기했다고 하는데요. 생전에 뉴턴은 메모광이라 모든 걸 메모로 남겼는데, 그

메모에 사과에 대한 언급은 없었다고 합니다. 그래서 과학사학자들은 뉴턴이 표절 시비에 시달리다 보니 본인이 만유인력의 창시자라는 걸 굳건히 하려고 사과 이야기를 남겨놨을 거라고 추측하고 있습니다.

사과 이야기가 진실이든 거짓이든, 만유인력의 법칙이 위대하다는 사실은 변함이 없습니다. 그런데 왜 만유인력이 이렇게 중요할까요? 사실 뉴턴 이전까지도 물체가 땅으로 떨어지는데 어떤 힘이 작용하고 있다는 것, 나아가 행성이 궤도를 도는 것도 어떤 힘이 작용하고 있다는 것은 알려진 사실이었습니다. 그런데 이 힘이 각각 다른 종류의 힘이라고 생각했죠. 즉 지상과 달리 우주에서는 별도의 초자연적인 힘이 있을 것이라고 생각한 거죠. 그런데 뉴턴은 인류 최초로 지구에서 일어나는 현상과 우주에서 일어나는 현상이 동일한 힘에 의해 일어난다는 걸 밝혀냈습니다.

하지만 뉴턴은 만유인력의 법칙을 바로 발표하지 않고 20년이나 미뤘습니다. 계산에 오차가 있었기 때문이죠. 뉴턴은 완벽주의가 심해서 완벽해질 때까지 절대 논문을 발표하지 않는 성격이었어요. 그리고 뉴턴은 자신의 연구 결과를 다른 사람들에게 널리 알리는 것도 별로 좋아하지 않았습니다. 남들이 그걸 가지고 이러쿵저러쿵 말하는 것을 싫어했죠.

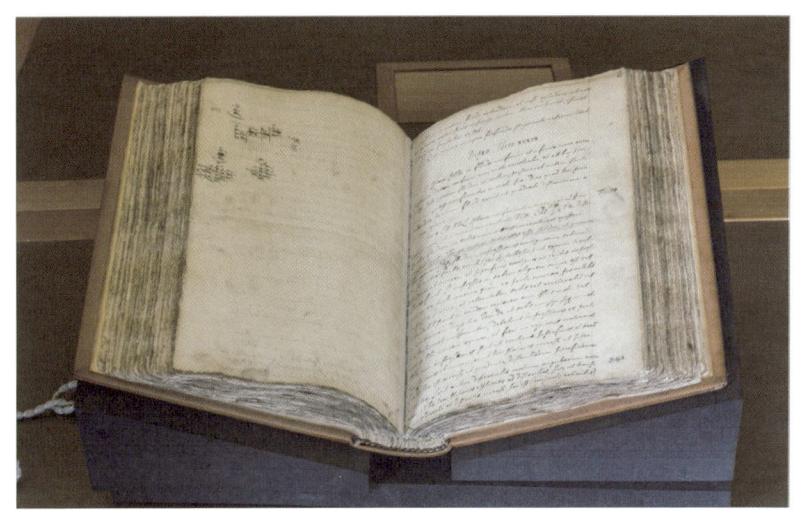

▲ 〈프린키피아〉 초판본

<프린키피아>, 등 떠밀려서 썼다?

만유인력의 법칙을 담은 과학사의 위대한 책 〈프린키피아〉도 본인이 원해서 낸 게 아니었어요. 영국의 천문학자인 에드먼드 핼리 Edmund Halley 때문이었습니다. 핼리는 핼리 혜성을 발견한 것으로 유명한 천문학자였습니다.

핼리는 뉴턴과 친했는데요. 1684년에 핼리가 뉴턴에게 혜성의 궤도 모양에 대해 질문하자 뉴턴이 너무 쉽게 타원 모양이라고 답했습니다. 과학자들 여럿이서 토론해도 답이 나오지 않았는데 뉴턴은 이미 계산을 끝낸 문제였던 거죠. 핼리는 이것이 과학사에서 가장 위대한 업적이 될 거라고 직감해서 빨리 책을 쓰라고 뉴턴에게 재촉했습니다. 이때 뉴턴이 연금술에 심취해 있을 때라 핼리가 뉴턴의 관심사를 돌리기 위해 애를 썼다고 합니다. 출판 비용까지 마련했다는 말도 있죠.

그렇게 드디어 1687년, 인류의 가장 위대한 지적 유산이라 불리는 〈프린키피아〉 세 권이 세상에 나왔습니다. 원제는 '자연 철학의 수학적 원리'죠. 〈프린키피아〉는 세상에서 가장 비싼 과학서적입니다. 초판은 무려 44억 원에 경매로 팔렸어요. 저도 영국에서 재판 도서를 직접 만져봤습니다. 이 책에는 뉴턴이 만유인력의 법칙을 발견하고 나서 오랫동안 정리해 온 우주의 비밀이 담겨 있습니다.

1권에서는 물체의 운동에 대해 다루는데, 뉴턴의 운동 법칙 세 가지와 만유인력 이론이 등장합니다. 뉴턴의 운동 법칙은 관성 법칙, 가속도 법칙, 작용과 반작용 법칙입니다.

2권에서는 공간에서의 물체 운동, 즉 유체역학을 다룹니다. 3권에서는 태양계의 구조를 다루는데요. 태양계 행성들과 그 행성을 도는 위성들의 운동을 설명했습니다. 3권이 가장 중요한 이유는 뉴턴이 태양계의 구조를 밝히려고 〈프린키피아〉를 쓴 것이기 때문입니다. 그러려면 운동의 법칙을 설명해야 했기 때문에 3권을 이해하게 만들려고 1권과 2권을 썼다고 하죠.

뉴턴은 〈프린키피아〉에서 갈릴레오와 케플러가 끝내 하지 못했던 걸 완성시켰습니다. 3강에서 케플러가 만든 케플러 법칙을 소개했죠? 케플러 법칙이 위대하다는 걸 알아본 사람이 바로 뉴턴입니다. 케플러는 행성이 태양을 도는 궤도가 타원형이라는 놀라운 사실을 밝혀냈는데, 왜 타원형인지까지는 밝히지 못했습니다. 뉴턴은 이를 기하학적인 방법으로 유도해서 타원 궤도를 증명하는 데 성공했습니다. 종이에 도형을 그리고 힘이 어느 방향으로 작용하는지, 행성의 속도가 어떻게 변하는지를 하나하나 따져보면서 계산도 하고 그림도 그랬죠. 결국 행성은 반드시 원뿔 모양을 잘라낸 곡선, 즉 원, 타원, 포물선, 쌍곡선 중에서 하나를 따라 움직이게 된다는 것을 발견하죠.

하지만 정확한 원이 되려면 속도, 거리, 방향 등이 완벽하게 맞아야 하는데 현실에서는 쉽지 않기 때문에, 원보다는 타원이 일반적인 행성의 궤도라는 것을 알아냅니다. 뉴턴은 매우 수학적인 방식으로 케플러의 세 가지 법칙을 전부 증명하는 게 성공했습니다.

그리고 갈릴레오는 지구의 공전과 자전 때문에 밀물과 썰물이 생긴다고 했는데, 쉽게 말하면 지구가 스스로 돌면서 동시에 태양계를 돌고 있으니까 물의 속도가 바뀌면서 흔들린다고 한 거예요.

하지만 뉴턴이 〈프린키피아〉 3권에서 이 이론이 틀렸음을 제대로 밝혀냈습니다. 밀물과 썰물은 태양과 달이 서로 바닷물을 끌어당기기 때문에 나타난다고 설명한 거죠. 〈프린키피아〉 이전까지는 땅 하늘, 바다는 각각 다른 법칙이 적용된다고 생각했지만 뉴턴은 전부 같은 법칙, 즉 만유인력의 법칙이 적용된다는 걸 밝힌 겁니다. 그래서 갈릴레오와 케플러가 그렇게나 증명하려고 했던 지동설, 즉 태양을 중심으로 지구가 돌고 있다는 이론을 뉴턴이 비로소 제대로 완성한 겁니다.

그런데 여기서 한 가지 의문이 들 텐데요. 갈릴레오와 케플러의 주장은 당시 종교계가 받아들이지 못했는데 왜 뉴턴의 이론은 종교계가 받아준 걸까요? 몇 가지 추측이 있는데, 우선 한 세대가 지나면서 과학적인 사고가 더욱 확산된 배경이 있었습니다. 또 〈프린키피아〉의 결론을 보면 '태양계처럼 우아한 체계가 만들어지려면 현명하고 강력한 존재의 손길이 반드시 필요하다. 그 전능한 존재는 만물의 주인으로서 모든 것을 다스린다'라고 적혀 있습니다. 이렇게 중력의 배후에 신이 있다는 식으로 썼으니 종교계에서도 받아들일 수 있었던 거겠죠.

워커홀릭 아웃사이더 뉴턴

뉴턴은 매우 내향적인 워커홀릭이었습니다. 뉴턴의 하인은 뉴턴에 대해 이렇게 묘사했죠.

> 저는 뉴턴이 그 어떤 취미 생활을 하거나 운동을 하는 걸 본 적이 없습니다.

뉴턴은 연구를 하지 않는 시간을 모두 쓸모없는 시간이라고 생각했습니다. 방을 비울 때는 오직 강의를 할 때뿐이었죠. 심지어 먹거나 자는 것도 소홀했어요. 어느 날 뉴턴이 하도 밥을 먹지 않자 가정부가 달걀이라도 삶아 먹으라고 실험실에 냄비와 달걀을 갖다 뒀는데요. 한참 뒤에 가정부가 다시 가서 보니 냄비에 달걀이 아니라 회중시계가 삶아지고 있었다고 합니다. 시계가 달걀인 줄 알고 넣은 겁니다. 뉴턴이 얼마나 일에만 정신이 팔려있었는지 짐작이 가시죠.

심지어 뉴턴 인생엔 사랑도 없었습니다. 평생 결혼도 하지 않고 독신으로 살았죠. 또 친구도 거의 없어서 외톨이로 살았습니다. 자신을 비판하는 과학자가 있으면 또 철저히 배척했고요. 여담이지만 1995

년, 영국 왕립학회 저널에 뉴턴의 인성에 대한 논문이 실렸는데요. 뉴턴의 동료 과학자들은 뉴턴을 이렇게 평가했습니다.

> 그는 내가 아는 사람 중에 가장 공포심이 크고 의심이 많은 성격이다. 뉴턴은 교활하고 야심적이며 칭찬을 지나치게 원하고 반대를 견디지 못한다.

최악의 평가죠.

뉴턴이 왜 이렇게 부정적인 평가를 받게 됐는지는 경쟁자들과 얽힌 사연을 들으면 더 정확하게 이해할 수 있습니다. 그러면 누가 뉴턴과 무슨 일이 있었던 건지 한번 알아보겠습니다.

뉴턴의 첫 번째 적수, 라이프니츠

1646년, 뉴턴보다 3년 늦게 태어난 독일의 천재 수학자가 있었습니다. 그 시대의 천재들은 보통 다방면에 능했는데, 이분도 마찬가지였죠. 수학자이자 판사, 외교관, 언어학자이기도 했으니까요. 심지어 지질학, 심리학, 의학에도 업적을 남긴 유럽 지성사의 상징적인 인물이었어요. 당시 프로이센의 프리드리히 2세가 "이 사람 자체가 대학이다"라고 말할 정도였습니다. 이 사람의 이름은 바로 뉴턴의 막강한 적수 고트프리트 라이프니츠Gottfried Leibniz입니다.

라이프니츠에 대해 처음 들어보는 분들을 위해 잠깐 소개를 해보겠습니다. 그는 이진법이라는 수 체계를 정리한 사람입니다. 지금 우리는 십진법을 쓰지만, 이진법은 0과 1 두 개의 숫자만 사용해서 수를 나타냅니다. 컴퓨터, 바코드가 이진법으로 이루어져 있죠. 이 이진법을 체계화한 사람이 라이프니츠입니다. 라이프니츠는 1673년에 최초로 양산형 기계식 계산기를 만들기도 했죠. 이 계산기는 덧셈, 뺄셈뿐만 아니라 곱셈, 나눗셈, 제곱근도 계산할 수 있었다고 해요. 이 공로로 라이프니츠는 독일 사람이지만 당대 최고의 과학 기관인 영국 왕립학회 회원이 됩니다. 영국 왕립학회에 전부 영국인만 있는 건 아니었습니다. 아인슈타인이나 파스퇴르 등의 외국인들도 소속돼 있었죠.

하지만 라이프니츠의 가장 대표적인 업적은 1675년 미적분 개념을 정립한 겁니다. 미적분은 미분과 적분을 합친 단어인데, 한마디로 연속적으로 변하는 현상을 수학적으로 표현하는 방법입니다.

롤러코스터로 예를 들어볼까요? 롤러코스터가 어떤 지점에서 얼마나 빠르게 움직이고 있는지를 의미하는 순간 속도를 계산할 때 미분을 활용하고, 롤러코스터가 꼬불꼬불한 레일을 움직이는 전체 구간을 계산할 때 적분을 활용할 수 있습니다.

라이프니츠가 미적분에 대한 논문을 발표한 건 1684년입니다. 뉴턴이 〈프린키피아〉 작업에 착수한 때였는데요. 그런데 라이프니츠가 논문을 내놓자마자 뉴턴과 표절 공방을 벌이게 됩니다. 뉴턴이 "어머, 미적분 이론은 내 건데?"라고 주장했기 때문입니다. 뉴턴은 라이프니츠가 논문을 발표하기 무려 15년 전에 미적분에 대한 논문을 썼어요. 〈무한급수에 대하여〉라는 논문인데, 이때 뉴턴은 이를 미적분이라고 하지 않고 유율법이라는 말을 썼습니다. 문제는 뉴턴은 이 논문을 바로 출판하지 않고 미완성인 채로 덮어뒀다는 겁니다. 뉴턴은 미적분을 연구하고 싶었던 게 아니라 움직이는 물체의 성질을 수학적으로 표현할 수단이 필요해서 미적분을 만든 거였거든요. 과학 연구에 필요하니까 수학을 개발하다니, 엄청난 천재입니다. 그런데 다른 연구를 하느라 바빴기 때문에 미적분이 중요한 업적이라고 생각하지 않아서 바로 발표하지 않았죠.

대신 뉴턴은 친한 학자들에게만 이를 공유했는데, 라이프니츠도 그중 한 명이었습니다. 라이프니츠는 뉴턴의 미적분을 접하고 부랴부랴 논문을 발표할 준비를 했습니다. 라이프니츠도 그전부터 독자적으로 미적분을 연구하고 있었거든요. 뉴턴에게 선수를 뺏길 수는 없었습니다. 라이프니츠는 야망이 있는 사람이었고, 미적분이 미래를 선도할 새로운 도구의 발명이라고 생각했죠.

그런데 라이프니츠가 논문을 발표하려고 한다는 소식을 들은 뉴턴은 라이프니츠에게 암호로 된 편지를 보냅니다.

> 유량을 나타낸 임의의 수가 포함된 방정식으로 만들면 유율을 구할 수 있으며, 역으로 유율을 알고 있으면 유량을 나타낸 임의의 수가 포함된 방정식을 세울 수 있다.

암호를 풀었는데 암호보다 더 어려운 느낌이죠? 간단하게 말하면 뉴턴이 생각한 유율법, 즉 미분에 대한 설명입니다. 다시 말해 '미적분은 내가 먼저 생각한 거니까 논문 내지 마'라는 뜻으로 볼 수 있습니다.

그럼에도 라이프니츠는 1684년에 미적분 논문을 출간했습니다. 그리고 이런 말을 남기죠.

> 뉴턴 경이 이 원리를 알고 있다는 걸 알고 있다.
> 하지만 누구나 한번에 모든 결과를 발견하지 못한다.
> 한 사람이 한 가지에 기여하고 다른 사람이 여기에 덧붙이며 기여하는 것이다.

틀린 말은 아니죠. 뉴턴은 화가 나서 이런 말을 남겼습니다.

> 두 번째 발명가는 아무 소용이 없다.

결국 뉴턴도 미적분에 대한 논문을 발표하는데, 라이프니츠보다 약 10년이나 늦게 발표했습니다. 이때 두 사람이 각각 미적분에 쓴 기호 때문에 표절 시비가 생겼습니다. 사실 뉴턴이 처음 미적분 논문을 썼을 때는 기호가 없었습니다. 그런데 라이프니츠가 낸 논문을 본 뒤 뉴턴도 기호를 써서 논문을 출간한 겁니다. 그러자 라이프니츠는 뉴턴이 자신의 논문을 표절했다고 강력하게 항의했죠. 이 싸움은 두 사람의 추종자들이 부추겨서 점점 더 커졌는데요. 심지어는 영국과 독일 간의 국가적인 분쟁으로까지 번집니다. 그 시기는 과학 혁명에 나라의 자존심이 걸려 있었거든요. 뉴턴을 지지하던 영국 왕립학회와 라이프니츠를 따르는 독일과 유럽 대륙의 학자들이 더 이상 학문적 교류를 하지 않겠다고 단절을 선언하기까지 했습니다.

그렇게 이 싸움은 결론이 나지 않은 채 약 10년간 지속됐는데요.

참다못한 라이프니츠가 영국 왕립학회에 이 문제를 결판내달라고 요청했습니다. 당시 영국 왕립학회는 학계에서 가장 권위가 있었기 때문이죠. 여기서 함정은 당시 왕립학회 회장이 뉴턴이었다는 겁니다. 싸움에 대해 판사에게 판결을 내달라고 했는데 내가 싸운 사람이 판사인 상황이라니!

결국 1713년에 최종 결론이 나왔습니다. 역시나 영국 왕립학회는 뉴턴이 미적분의 최초 발명자라는 판결을 내렸습니다. 그 후 라이프니츠는 이에 반박하는 책을 쓰다가 몇 년 뒤 세상을 떠났죠. 뉴턴이라는 엄청난 과학자에게 반기를 들었기 때문에 말년에는 학계로부터 외면당해 경제적인 어려움도 겪었고, 가족도 없어서 쓸쓸하게 떠났습니다. 참 안타깝죠.

그나마 다행인 점은 1900년대에 들어 학자들이 라이프니츠와 뉴턴이 주장한 미적분 개념 사이에 뚜렷한 차이가 있다는 점을 들어서 라이프니츠의 공로를 인정해 줬다는 겁니다. 창시자는 뉴턴이 맞지만 라이프니츠의 미적분이 더 실용적이고 우세하다고 정리가 된 거죠. 흥미로운 점은 영국은 뉴턴의 미적분을 고집하다가 약 100년이 지나서야 라이프니츠의 방법을 택했다고 해요. 영국 수학이 이것 때문에 유럽 대륙에 비해서 100년 정도 뒤처졌다는 말도 있습니다.

뉴턴과 라이프니츠는 시간에 대해서도 이견이 있었습니다. 학자였던 뉴턴과 철학자이기도 했던 라이프니츠는 시간에 대해 전혀 다른 정의를 내렸는데요. 먼저 뉴턴은 시간을 절대적이고 수학적인 개념이라고 생각했습니다. 예를 들어 우주에서 모든 걸 없앴다고 가정해 봅시다. 은하부터 먼지 한 톨까지 전부 없애버리는 거예요. 뉴턴은 그 상황에서도 시간은 흐르고 공간은 남아 있다고 봤습니다. 즉 시간과 공간은 물질과 상관없이 절대적으로 존재한다는 입장이었어요. 시간의 개념을 절대주의적으로 본 것이죠. 반면 라이프니츠가 주장한 시공간은 철학적이었는데요. 라이프니츠는 우주에서 모든 것을 없애버리면 시간과 공간마저도 사라진다고 생각했죠. 시간을 상대적인 개념으로 본 겁니다. 'a라는 사건이 b보다 먼저 일어났다는 관계로서만 시간이 존재한다'라는 것이죠. 라이프니츠의 이런 입장을 '관계주의'라고 합니다.

그러나 미적분 논쟁과는 달리 시간의 개념에 대해선 두 사람이 직접 싸우지는 않았습니다. 주로 뉴턴의 추종자였던 사무엘 클라크 Samuel Clarke 와 라이프니츠가 편지로 투닥투닥했는데요. 그럼 이 논쟁은 누가 승리했을까요? 미적분 논쟁과 마찬가지로 뉴턴이었습니다. 그 당시 절대적 시간은 근대 문명의 상징이었고 물리학의 근간이었거든요. 라이프니츠는 이 논쟁을 시작하고 얼마 되지 않아 세상을 떠났기 때문에 라이프니츠의 시간 개념은 더 발전시키지 못했죠.

하지만 20세기에 들어서는 뉴턴이 완전히 승리했다고 보기 어렵게 됐습니다. 시공간을 어떻게 봐야 하냐는 문제는 지금도 논쟁이 계속되고 있는 물리학의 풀지 못한 숙제거든요. 다방면에서 천재였던 라이프니츠. 안타깝게도 생전에는 뉴턴에게 사사건건 패배했다고 볼 수 있습니다. 이는 뉴턴이 권력 면에서도 정말 대단했기 때문이라고도 볼 수 있습니다. 뉴턴이 잘나가는 상태로 80세가 넘게 장수했기 때문에 역사에 이름을 남기기에 더 유리한 경향이 있었죠.

이렇게 뉴턴의 권력에 밀린 사람이 한 명 더 있습니다. '뉴턴의 라이벌'이라고 하면 바로 떠오르는 인물이지만 뉴턴에 비해 유명하지 않은 인물입니다. 뉴턴이 증오했던 경쟁자 로버트 훅Robert Hooke입니다.

뉴턴의 두 번째 적수, 로버트 훅

로버트 훅은 뉴턴보다 8년 일찍 영국에서 태어났는데요. 오늘날 과학 교과서에서는 로버트 훅을 세포를 발견한 사람, 탄성에 관한 법칙을 발견한 사람 정도로 나옵니다. 그런데 사실 훅의 업적은 훨씬 대단합니다. 앞서 뉴턴이 세계 최고의 과학 학술 단체인 영국 왕립학회 회장이었다고 말씀드렸는데요. 훅은 무려 왕립학회를 설립한 창립 멤버 중 한 사람이었습니다. 그리고 27세에 왕립학회에서 진행되는 모든 실험을 관리하고 책임지는 일을 했어요.

사실 훅은 어릴 때 굉장히 병약했고, 10대 중반부터 등이 굽었습니다. 다행히 훅은 그림도 잘 그리고 물건도 잘 만드는 등 손재주가 좋았습니다. 갈릴레오가 망원경의 달인이었다면, 훅은 현미경의 달인이었습니다. 현미경으로 관찰한 걸 그림과 엮어서 책을 냈는데 대박이 났죠. 〈마이크로그라피아〉라는, 현대 현미경학의 기초가 된 책이었습니다. 그림을 굉장히 정교하게 그렸죠.

또 훅은 세포를 처음 발견한 사람이기도 합니다. 세포에 'cell'이라는 이름을 붙인 것도 로버트 훅이죠. 수도원의 작은 방들을 '셀'이라고 하는데 죽은 세포벽 모양이 마치 작은 방들이 붙어 있는 것처럼 생겨서 그렇게 불렀습니다. 훅은 도면도 잘 그려서 건축가로도 활약

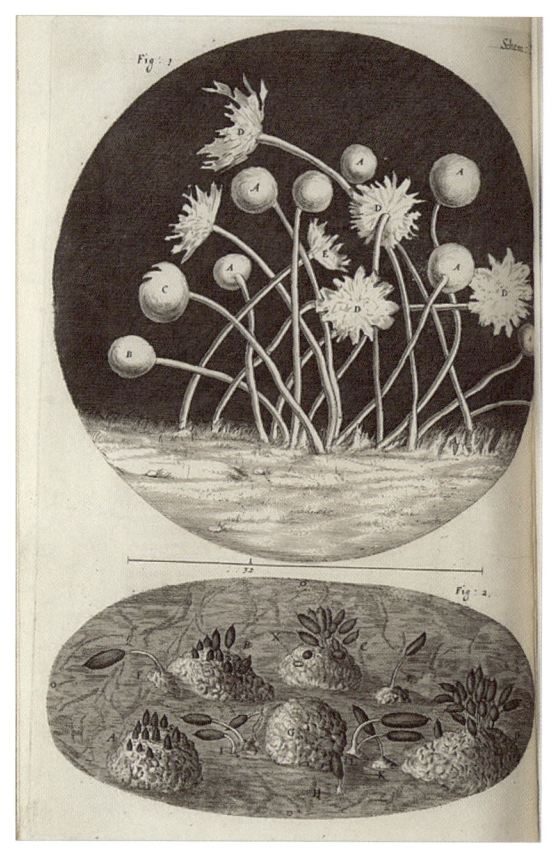

▲ 〈마이크로그라피아〉 속 삽화

했습니다. 1666년 런던에 대화재가 일어나 건물의 80%가 불에 탔는데, 훅이 도시 재건 프로젝트에서 설계를 맡았습니다. 훅은 과학자보다 건축가로서 돈을 더 많이 벌었습니다. 유명한 영국의 그리니치 천문대도 훅의 친구인 크리스토퍼 렌과 함께 건축한 작품이죠. 공학적인 재능도 뛰어나 기압계, 온도계, 풍속계도 직접 만들거나 개량했다고 합니다.

빛의 정의를 둔 대결

훅은 여러모로 대단한 인물인데, 뉴턴과는 활약 분야가 별로 겹치지 않는 것 같죠. 그런데 왜 이렇게 뉴턴과 사이가 좋지 않았을까요? 둘의 경쟁이 시작된 건 1672년 뉴턴이 빛에 대한 실험 결과를 발표했을 때부터입니다. 당시 과학자들은 빛에 관심이 많았고, 뉴턴도 마찬가지였습니다. 프리즘을 구해 빛의 굴절을 관찰하곤 했죠. 얼마나 열정적으로 관찰했는지 태양을 오래 바라보다가 시력을 잃을 뻔하기도 했고, 바늘로 눈 주변을 찔러가면서 빛을 관찰하기도 했습니다.

그때까지만 해도 사람들은 빛이 흰색이거나 투명하다고 생각했는데, 뉴턴은 프리즘 실험을 통해서 백색광은 이질적인 혼합물이라는 주장을 했습니다. 빛은 프리즘을 통과하면 무지개색의 스펙트럼으로 나타나는데요. 당시에는 대부분 프리즘이 색을 창조하는 도구라고 생각했습니다. 그런데 뉴턴은 그게 빛 자체의 속성 때문이라고 생각했어요. 뉴턴은 이 실험 결과를 토대로 빛은 입자로 이루어져 있다고 주장합니다. 빛이 서로 다른 입자로 구성되어 있어서 굴절되는 정도가 달랐다는 거죠.

하지만 당시 왕립학회에는 빛이 파동이라고 생각한 과학자들도 있었고, 이들은 뉴턴의 주장에 반발했습니다. 그중에 로버트 훅이 가장 심하게 비판했죠. 뉴턴의 실험은 독창적이지만 이론적으로 틀렸기 때문에 조금도 마음에 들지 않는다고 이야기했습니다. 지금은 빛이 입자와 파동의 성질을 모두 가지고 있는 것으로 밝혀졌지만 이들은 이 사실이 밝혀지기 200년 전에 활동하던 사람들이었습니다. 그만큼 당시에는 밝혀내기 어려운 문제였죠.

▲ 뉴턴은 프리즘 실험을 통해 빛이 입자로 이루어져 있음을 주장했다.

뉴턴은 스트레스를 많이 받은 나머지 왕립학회를 탈퇴하겠다고 선언했습니다. 왕립학회에서는 회비를 면제해 줄 테니 나가지 말라고 했는데 뉴턴이 연락을 받지 않는 사건도 발생했죠.

그럼 이 논쟁에서는 누가 승리했을까요? 바로 뉴턴이었습니다. 뉴턴은 훅이 죽고 난 1년 후에 빛에 관한 논문인 광학을 발표했습니다. 이에 반대할 사람이 없으니 뉴턴이 대세가 된 겁니다.

앙숙이 된 뉴턴과 훅

그런데 뉴턴은 빛 이론만으로 훅을 그토록 싫어한 건 아닙니다. 더 격렬한 논쟁이 있었죠. 바로 1687년 뉴턴이 자신의 역작 〈프린키피아〉를 출간했을 때의 일입니다. 로버트 훅이 이 책 1권의 원고를 보고 "이거 내가 알려준 건데, 내 얘기는 하나도 없네? 이게 뭐야?"라고 반응한 거예요. 훅이 10년 전에 중력은 역제곱 법칙을 따른다고 주장했었는데 이걸 뉴턴이 출처도 없이 인용했다는 겁니다. 이게 왜 문제가 됐냐면, 역제곱 법칙은 뉴턴이 케플러의 법칙을 수학적으로 설명하고 중력이라는 힘을 만유인력이라는 보편적인 자연법칙으로 확장시킨 중요한 요소 중 하나였기 때문입니다. 두 물체 사이에 인력, 즉 끌어당기는 힘이 거리의 제곱에 반비례한다는 법칙입니다. 로버트 훅은 1678년에 출판된 〈코메타〉라는 논문에서 천체의 운동이 역제곱 법칙에 따를 수 있다는 가능성을 언급한 적도 있어요.

그렇다면 뉴턴은 과연 이 사실을 모르고 〈프린키피아〉를 쓴 걸까요? 뉴턴은 분명히 알고 있었습니다. 〈프린키피아〉를 출간하기 몇 년 전에 로버트 훅이 뉴턴에게 편지를 보냈거든요.

뉴턴 당신이라면 역제곱 법칙을 수학적으로 증명할 수 있을 겁니다.

그런데 뉴턴은 답장을 하지 않았죠. 그렇다면 정말로 뉴턴이 훅의 이론을 베낀 걸까요? 꼭 그렇진 않습니다. 훅은 수학을 잘하지 못해서 끝내 증명하지 못했거든요. 훅의 아이디어는 추측이나 가능성 수준에 그쳤다고 볼 수 있어요. 그런데 뉴턴은 훅의 아이디어를 수학적으로 완벽하게 표현해 냈고, 더 중요한 건 다른 이론들과 연결시켜 하나의 커다란 법칙을 만들어 냈다는 겁니다.

뉴턴은 이 사건에 대해 이런 말을 남겼습니다.

그는 내게 자신의 이론을 말해주는 은혜를 베풀었다고 상상하지만, 나는 그 자신의 실수가 권위 있게 수정되었고 그 이론이 모두가 알고 있는 것임을 가르쳐 주었다. 내가 그보다 더 진정한 개념을 알고 있었다는 점에서 오히려 내가 피해를 입었다고 생각한다.

뉴턴이 얼마나 훅에게 분노했는지 알 수 있죠. 그래서 원래 초고에는 훅을 치켜세우는 표현도 있었는데, 모두 지워버리고 출간하지 말자고 하기도 했죠. 이때도 에드먼드 핼리가 뉴턴을 어르고 달래서 겨우 출간했습니다.

안 그래도 사이가 나빴던 뉴턴과 훅은 이 일을 계기로 평생 앙숙으로 지냈습니다. 그러다 1703년 훅이 먼저 세상을 떠납니다. 그리고 공교롭게도 뉴턴이 그 해 왕립학회 회장 자리에 올랐죠. 그 후에는 왕립학회가 다른 곳으로 이사를 가게 되는데, 이 과정에서 훅에 대한 모든 기록이 사라졌습니다. 그가 썼던 논문, 실험 도구, 초상화까지 사라졌는데, 이것이 당시 이사 담당자였던 뉴턴의 뒤끝 때문이라고 생각하는 사람도 많습니다.

어쨌든 이렇게 모든 자료가 사라져서 로버트 훅은 남아 있는 초상화가 한 개도 없습니다. 상상화만 남아 있죠. 또 과학사에서도 그가 남긴 업적에 비해 많이 다뤄지지 않았습니다. 그런데 그로부터 약 230년 후 1935년쯤에 일기장 사본이 발견됐습니다. 과학적 아이디어부터 사소한 일상까지 너무나 생생하게 쓰여 있는 일기장이었어요. 덕분에 훅의 과학적인 업적은 재평가를 받게 됐고, 이 일기장은 2014년에 영국의 유네스코 세계기록 유산물로 지정됐습니다.

이론의 주인이 된 뉴턴

뉴턴은 이렇게 라이프니츠와 로버트 훅이라는 숙적을 제압하는 데 성공합니다. '누가 그 이론의 주인이냐' 하는 싸움에서 주인 자리를 굳건하게 지켰죠. 어떠세요? 이제 왜 뉴턴이 친구도 없고 인성 평가도 그렇게 나쁘게 받았는지 이해되시죠?

뉴턴은 영국 조폐국장을 지내다가 1727년 85세의 나이로 세상을 떠났는데요. 그가 물리쳤던 경쟁자들과 달리 아주 성대한 장례식을 치렀고, 영국의 심장이라 불리는 웨스트민스터사원에 묻혔습니다. 하지만 중요한 건, 뉴턴과 경쟁자들의 치열한 대결로 과학이 한 걸음 더 나아갔다는 것 아닐까요?

4강에서는 뉴턴의 후광에 가려졌던 라이프니츠와 로버트 훅을 재발견하고, 뉴턴이라는 과학자에 대해서 좀 더 입체적으로 바라볼 수 있는 기회가 됐길 바랍니다.

화학의 아버지들

앙투안 라부아지에
1743.08.26. ~ 1794.05.08.

조지프 프리스틀리
1733.03.13. ~ 1804.02.06.

숨을 크게 쉬어 보세요. 여러분은 방금 산소를 들이마시고 이산화탄소를 내뱉었습니다. 우리는 산소를 호흡하지 않으면 죽습니다. 누구나 아는 사실이죠. 그런데 약 250년 전만 해도 인류는 이 당연한 사실을 몰랐습니다. 그냥 '공기라는 것이 있다' 정도로만 생각했죠. 공기가 어떻게 구성돼 있는지, 숨을 쉬는 원리가 뭔지는 몰랐던 겁니다.

그럼 산소는 과연 누가 발견한 걸까요? 또 공기가 단일 물질이 아니라는 건 누가 알아낸 걸까요? 오늘은 그 이야기를 해보려고 합니다.

산소를 발견한 프리스틀리

1990년대 후반 강남에서 특이한 카페가 유행했습니다. 바로 '산소카페'인데, 천장에는 산소 공급기가 달려 있었고 손님들은 헤드셋 마이크 같은 걸 쓰고 산소를 마시면서 대화했습니다. 비싼 돈을 주고 산소를 마셨던 거예요. 그 당시에 대기 오염 문제가 대두되던 때라 사람들이 깨끗한 공기를 마시고 싶어 했거든요. 좀 희한한 풍경이긴 하지만, 최근 미세먼지 문제가 심각해지니까 이해가 갑니다.

그런데 18세기부터 산소가 생명을 연장시킬 수 있는 좋은 공기라고 생각한 과학자가 있었습니다. 그의 이름은 바로 조지프 프리스틀리Joseph Priestley입니다.

이름부터 생소할 수 있겠지만, 사실 엄청난 과학자입니다. 1733년 영국에서 태어났는데, 기체라는 말이 존재하지도 않던 시대에 10가지 종류의 기체를 발견했거든요. 암모니아와 '웃음가스'라고 알려진 아산화질소 등을 발견해서 '기체 화학의 아버지'라고 불리기도 합니다. 식물에서 산소가 나온다는 것도 알아냈죠.

이렇게 과학사에 큰 족적을 남긴 사람이지만, 사실 과학은 부업이었다고 합니다. 목사였던 프리스틀리는 스스로를 과학자보단 성직자라고 생각했습니다. 오늘날에는 과학과 종교가 서로 다른 분야지만, 당시엔 똑똑한 사람들이 자연 현상도 연구하고 신학도 공부하는 경우가 많았습니다. 뉴턴과 케플러도 마찬가지였죠. 프리스틀리도 과학에 관심이 많아서 젊을 때부터 유명한 과학자들의 과학 강연을 들으러 다녔습니다.

그러다 만나게 된 사람이 바로 자기 관리의 끝판왕으로 잘 알려진 벤저민 프랭클린Benjamin Franklin이었습니다. '시간이 돈이다'라는 명언을 남긴 인물로, 미국 정치인이지만 과학자이기도 했습니다. 벤저민 프랭클린은 영국에 과학 강연을 하러 왔다가 프리스틀리를 만났습니다. 어느 날 프리스틀리가 프랭클린을 붙잡고 자신이 전기에 대해 실험했던 걸 이야기했습니다. 프랭클린은 그 이야기를 듣고 "오, 그거 책으로 내보지 그래?"라고 말했고, 프리스틀리가 책을 내게 됩니다. 그게 바로 〈전기의 역사와 현황〉이라는 꽤 두꺼운 책이죠. 이 책으로 학자들 사이에서 명성을 얻어 프리스틀리는 당대 최고의 과학자들의 모임인 영국 왕립학회의 회원이 됩니다.

탄산수를 만든 프리스틀리

이렇게 본격적으로 과학자로 인정받기 시작한 프리스틀리는 1767년에 재미있는 업적을 하나 남겼습니다. 지금 우리가 마시는 탄산수를 발명한 거죠. 탄산수는 이산화탄소가 녹아 있는 물로, 톡 쏘는 맛이 납니다. 우리가 생각하기에 산소가 이산화탄소보다 더 중요할 것 같은데, 사실 산소가 발견되기도 전에 이산화탄소가 먼저 발견됐습니다. 그때는 이산화탄소라고 부르지 않고 '고정 공기'라고 불렀죠.

그럼 프리스틀리는 탄산수를 어떻게 만들었을까요? 당시 프리스틀리는 맥주 공장 근처에 살고 있었습니다. 맥주 공장 발효 탱크 위에는 항상 냄새나는 가스 덩어리가 떠 있었는데, 그게 고정 공기인 이산화탄소였습니다. 호기심이 많은 프리스틀리는 공장에 가서 관찰해

봤죠. 프리스틀리는 고정 공기가 물에 잘 녹는지 실험해봤는데요. 고정 공기가 물에 녹아서 물 위에 약간의 거품이 떠올랐습니다. 발효 탱크 위에서 물 한 컵을 다른 컵으로 계속 옮기다 보니 더 효과적으로 거품이 뜨는 물을 만들 수 있었죠.

프리스틸리는 겁도 없이 이 물을 마셔봤습니다. 그러자 톡 쏘는 맛이 나는 게 천연 샘물에서 나오는 물과 비슷했죠. 그 당시 유럽에서는 샘물에서 나오는 천연 탄산수가 비싸고 인기도 많았거든요. 프리스틸리는 탄산수를 집에서도 만들 수 있겠다고 생각했습니다. 집에서 어떻게 이산화탄소를 모을 수 있었을까요?

프리스틸리는 직접 공압통이라는 장치를 만들어서 이산화탄소를 모았습니다. 재미있는 건 동물의 방광을 사용해서 만들었다는 거예요. 한쪽에는 수조에 병이 뒤집힌 채로 들어가 있고, 그 병에는 고무관이 연결돼 있어요. 고무관은 동물의 방광과 연결돼 있고 방광은 작은 물병과 연결돼 있습니다. 프리스틀리는 이 작은 물병 안에 분필, 즉 석회석을 넣어 놓고 황산을 부었습니다. 그러면 거기서 고정 공기인 이산화탄소가 부글부글 끓어오릅니다. 그때 석회석이 녹으면 이산화탄소가 나온다는 게 알려져 있었거든요. 그 병에 연결된 방광이 마치 공기 펌프 같은 역할을 해서 이산화탄소를 수조에 있는 병으로 옮깁니다. 그러면 이산화탄소가 병에 든 물이랑 섞이겠죠? 프리스틸리는 이렇게 이산화탄소를 모아서 인공 탄산수를 만드는 데 성공합니다.

그렇게 유럽에 탄산수 광풍이 불었습니다. 프리스틀리가 장삿속이 있었다면 돈을 어마어마하게 벌었을 텐데, 프리스틀리는 돈에 관심이 없었습니다. 이 내용을 논문으로만 출판했죠. 그래도 부 대신 명예를 얻을 수 있었습니다. 왕립학회 회원들이 논문을 보고 아주 깜짝

▲ 프리스틀리가 개발한 공압통

놀랐거든요.

결국 프리스틀리는 왕립학회의 최고 영예인 코플리 메달을 받게 됩니다. 하지만 뭐니 뭐니 해도 프리스틀리를 불후의 과학자로 만들어 준 건 산소를 발견한 업적입니다. 그런데 과학 교과서에서는 산소를 라부아지에가 발견했다고 적혀 있습니다. 어떻게 된 걸까요?

앞다투어 산소를 발견하다

프리스틀리가 산소를 먼저 발견한 건 맞습니다. 하지만 산소의 발견을 다소 이상하게 해석했죠. 프리스틀리가 살던 18세기는 화학이 태동하는 시기였습니다. 화학 현상을 보는 시각이 오늘날과 많이 달랐는데, 당시 사람들은 '플로지스톤설'을 믿었습니다. 독일의 게오르크 슈탈Georg Stahl이라는 사람이 퍼뜨린 가설인데, 재미있는 가설입니다. 플로지스톤은 그리스어로 '타다'라는 뜻인데, 쉽게 말해서 불에 잘 타게 하는 입자라고 보면 됩니다. 당시에 사람들은 물질 속에 플로지스톤이라는 성분이 들어 있다고 생각했고, 이 플로지스톤이 밖으로 나가면 연소 과정이 일어난다고 믿었습니다. 지금은 물질과 산소가 반응해서, 즉 물질의 산소가 더해져서 연소가 일어난다고 알려져 있는데, 그땐 거꾸로 물질에서 플로지스톤이 빠져나가서 연소가 일어난다고 생각했습니다.

이 플로지스톤설에 기반하면, 나무처럼 불이 잘 붙는 이유는 나무에 플로지스톤이 많아서이고, 돌처럼 불이 잘 안 붙는 물체는 안에 플로지스톤이 적어서입니다. 마치 플로지스톤이 불이 붙기 위한 정령이나 기운 같은 느낌이죠.

하지만 이 가설에는 앞뒤가 맞지 않는 점이 있었습니다. 무언가 불 타서 플로지스톤이 빠져나가면 질량이 줄어들어야 합니다. 그런데 금속을 태우고 남은 재의 질량을 재보면 오히려 질량이 늘어나 있죠. 그런데 당시 과학자들은 플로지스톤설을 지켜낼 방법을 찾았습니다. 플로지스톤에는 질량이 플러스인 게 있고 마이너스인 게 있으며, 금속 같은 물체는 질량이 마이너스인 플로지스톤이 들어 있어서 불에 태우면 질량이 오히려 늘어나는 거라고 해석했죠. 고정관념이 참 무섭습니다.

이 가설은 플로지스톤으로 설명할 수 있는 부분이 분명히 있었기 때문에 거의 100년을 이어져 오던 가설이었습니다. 그러니 플로지스톤설을 완전히 없애거나 다른 것으로 바꾸는 것보다는 이걸 유지하면서 보완을 해 나가는 걸 선택한 거죠.

프리스틀리 역시 플로지스톤설을 지지했습니다. 그래서 산소를 발견하고도 산소를 산소라 부르지 못하고 '탈 플로지스톤 공기'라고 불렀죠. 프리스틀리는 산소에 왜 이런 이름을 붙인 걸까요? 1774년 8월, 프리스틀리는 평소처럼 실험을 했습니다. 프리스틀리는 이론을 잘 만드는 사람이라기보다 실험을 잘하는 사람이었죠. 그는 수은을 태워서 얻은 수은체로 실험을 했습니다. 붉은색을 띠는 수은체를 오늘날 '산화수은'이라고 하는데요. 프리스틀리는 이 산화수은에 돋보기 렌즈로 햇빛을 비춰 가열했습니다. 그러자 신기하게도 다시 은백색 수은으로 돌아가면서 어떤 기체가 발생했습니다. 프리스틀리는 이 신기한 기체를 여러 개의 병에 모아서 실험했습니다. 이 기체가 차 있는 병에 촛불을 넣었더니 촛불이 더 활활 타올랐죠. 또 생쥐를 넣어보니 보통의 공기가 들어 있는 병보다 이 기체가 들어 있는 병에서 쥐가 4배나 더 오래 살아남았습니다. 밀폐된 공간에서 생쥐가 숨을 더 오래 쉴 수 있었던 거죠.

프리스틀리는 불을 더 잘 타게 하고 생쥐를 더 오래 숨 쉴 수 있게 하는 이 성능 좋은 기체에 '산소'라는 이름을 붙이지 않고 '탈 플로지스톤 공기'라는 이름을 붙였습니다. 이 기체 안에는 플로지스톤이 아예 없거나 너무 적어서 다른 물질에 있는 플로지스톤을 더 잘 빨아들인다고 생각한 거예요. 촛불이 잘 타는 이유는 이 기체가 촛불에 있는 플로지스톤을 활발하게 이끌어내기 때문이라고 생각한 거죠. 프리스틀리는 이 기체를 한번 들이마셔봤습니다. 그러자 다른 기체보다 몸이 편안하고 상쾌해지는 걸 느꼈죠. 재미있는 건 그 당시엔 숨을 내쉬는 것도 우리 몸속에 있는 플로지스톤, 즉 불의 기운을 밖으로 내보내는 거라고 생각했다는 겁니다. 지금 보면 참 비과학적인 생각인데, 산소를 발견한 프리스틀리도 당시의 세계관에서 벗어나지 못했습니다. 프리스틀리는 탈 플로지스톤 공기에 대한 논문을 1775년에 발표했습니다.

사실은 프리스틀리보다 2년 전에 산소를 발견한 사람이 또 있었습니다. 스웨덴의 칼 빌헬름 셸레Carl Wilhelm Scheele라는 화학자 겸 약사인데요. 셸레는 자신이 발견한 산소를 '불의 공기'라고 불렀습니다. 셸레도 산소가 있으면 불이 더 잘 탄다는 걸 알고 있던 거죠. 하지만 논문을 프리스틀리보다 늦은 1777년에 출판했습니다. 인쇄소에 논문을 맡기고 여행을 갔다 왔는데 인쇄소의 실수로 그동안 논문이 출판되지 않았던 거예요. 기가 막혔겠죠. 그래서 프리스틀리는 셸레가 산소를 발견했다는 걸 몰랐다고 합니다.

이렇게 과학사에는 비슷한 시기에 유사한 발견이 앞다퉈 일어나는 경우가 꽤 있습니다. 뉴턴과 그 경쟁자들이 그랬던 것처럼 말이죠. 하지만 프리스틀리와 셸레 모두 산소 발견의 공로를 뺏기는 일이 생겨버립니다. 1778년 프랑스의 한 부유한 과학자가 불의 공기, 탈 플로지스톤 공기에 '산소'라는 이름을 붙여버렸기 때문이죠. 연금술이었던 화학을 과학의 한 분야로 자리 잡게 만든 사람, 질량 보존의 법칙을 만든 사람, 기체 산소, 이산화탄소 같은 현대적인 이름을 갖게 해준 화학의 아버지. 그러나 프랑스 혁명기에 단두대의 이슬로 사라진 비운의 과학자. 바로 앙투안 라부아지에Antoine Lavoisier입니다.

금수저 과학자 라부아지에

프리스틀리보다 10살 어린 라부아지에는 프리스틀리와 달리 평생 유복하게 살았습니다. 할아버지와 아버지가 모두 파리에서 성공한 법률가였거든요. 거기다 어머니도 부자여서 상당한 유산을 물려받기까지 했습니다. 상류층인데 머리도 좋아서 11세에 콜레주 마자랭이라는 학교에 입학해서 대학 수준의 교육을 받았습니다.

라부아지에는 나중에 부모님의 뒤를 이어서 법학으로 학위를 받았는데, 사실은 법학보다는 과학을 좋아했습니다. 20대 초반에 대도시에 가로등을 설치하는 공모전에 논문을 내서 국왕의 메달을 받기도 했고, 25세에는 프랑스과학아카데미의 최연소 회원이 됐습니다. 그리고 하는 일마다 화학사에 중요한 획을 긋게 됐죠. 젊을 때부터 유망하고 잘 살았던 라부아지에는 본인이 하고 싶은 실험을 자유롭게 할 수 있었습니다.

다이아몬드를 태워 산소를 발견하다

1772년에는 무려 3캐럿짜리 다이아몬드를 루브르 광장 한복판에서 태우는 실험을 했습니다. 그 당시에는 다이아몬드가 지금보다 더 비쌌습니다. 3캐럿이면 지금도 값이 수천만 원에서 억 단위까지 가니, 라부아지에가 얼마나 부자였는지 짐작이 가죠? 그는 다이아몬드를 밀폐된 병에 넣고 아주 거대한 돋보기로 햇빛을 모아서 태웠습니다. 결과는 어떻게 됐을까요? 다이아몬드는 완전히 타서 사라졌습니

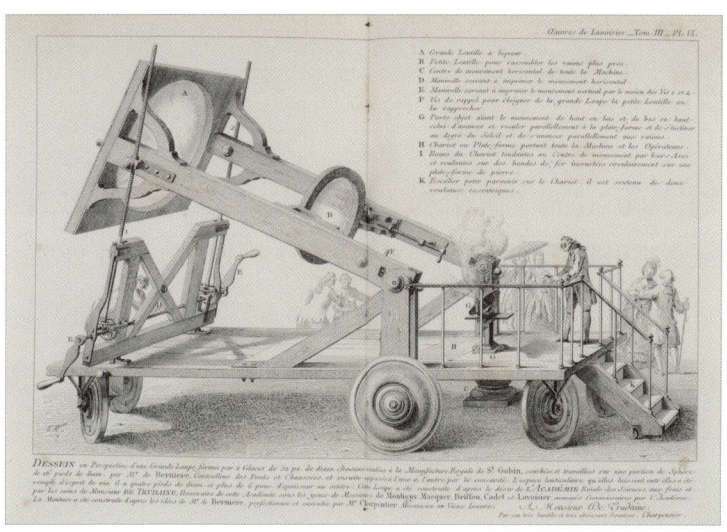

▲ 라부아지에의 다이아몬드 연소 실험

다. 그전까지만 해도 다이아몬드가 증발한 거라는 둥 의견이 분분했는데요. 라부아지에는 다이아몬드를 태우면 이산화탄소 기체로 변한다는 걸 알아냈습니다. 다이아몬드는 탄소로 이루어진 물질이기 때문이죠.

신기한 건 다이아몬드를 담고 있던 병의 무게가 태운 이후에도 그대로였다는 겁니다. 화학반응 전과 후에 물질의 질량이 같다는 질량보존법칙이죠. 라부아지에는 이 실험을 연소 현상에 관심이 있어서 한 거였지만 나중에 질량보존법칙의 중요한 근거 중 하나가 됩니다.

여기서 중요한 점은 질량보존법칙을 발견한 라부아지에가 플로지스톤 가설에 의문을 품게 됐다는 겁니다. 플로지스톤설에 따르면 물질이 불에 탄 이후에 질량이 늘어나는 이유는 마이너스 질량을 가지는 플로지스톤이 빠져나갔기 때문입니다. 그런데 라부아지에는 이걸 이상하게 생각했습니다.

> 질량이 늘어났다는 건 무언가 추가됐다는 게 아닐까?
> 그게 논리적으로 맞는데, 왜 무언가 빠져나갔다고 할까?

충분히 합리적인 의심입니다. 라부아지에는 당시 사람들이 사실을 근거로 주장하는 게 아니라 플로지스톤설에 모든 걸 끼워 맞추고 있다고 생각했습니다. 그래서 여러 가지 물질을 밀폐된 플라스크 안에 넣고 태운 뒤, 태우기 전과 후 물질의 무게를 정확하게 재는 실험을 했습니다.

그러자 태우고 나면 물질의 무게가 늘어나는데, 물질의 무게가 늘어난 만큼 공기의 무게가 줄어들었죠. 여기서 라부아지에는 물질을 태우면 그 물질이 공기 중의 어떤 성분을 흡수한다는 걸 알아냈습니다. 즉 물질에서 플로지스톤이 빠져나가는 게 아니라는 증거를 찾은 겁니다. 1772년 라부아지에는 이 내용을 논문으로 발표했습니다.

하지만 이때까지 라부아지에는 물질이 공기 중의 어떤 성분과 결합하는지 알아내지 못했습니다. 즉 산소의 존재를 알지 못했죠. 이에 대한 결정적인 힌트를 누군가로부터 얻게 되는데, 바로 프리스틀리였습니다. 1774년 가을에 라부아지에가 만찬을 열어 과학자들을 초대했는데, 여기에 당시 파리를 방문한 프리스틀리도 참석했습니다.

그런데 프리스틀리도 산소, 즉 플로지스톤이 없는 공기를 발견한 지 얼마 안 돼서 아직 논문을 발표하지 않았습니다. 라부아지에는 자기가 하는 연구에 대해서 함구했지만, 프리스틀리는 정보 공개에 개방적이었습니다. 그래서 본인이 수은을 태운 재를 가열해서 플로지스톤이 없는 공기를 발견해 냈다는 사실을 알려줬죠. 라부아지에는 이 공기가 불을 더 잘 타게 한다는 얘기를 듣고 실험에 대한 실마리를 얻었습니다.

라부아지에도 수은을 태우는 실험을 해봤는데, 수은이 들어있는 용기에 공기를 넣고 실험했습니다. 질량을 정확하게 측정하는 사람인 라부아지에는 이번에도 수은을 태우기 전후의 질량을 정확하게 측정했습니다. 그러자 역시나 수은의 질량이 늘어난 만큼 공기의 질량이 줄어들었죠. 밀폐된 용기 안에 있던 공기 중 정확히 20%의 공기가 줄어들었습니다. 이는 20%의 공기가 수은을 태우는 데 쓰였다는 걸 의미합니다. 즉 이 20%의 공기가 나머지 80%의 공기와는 다른 성분을 갖고 있다는 거예요.

1778년 라부아지에는 이 공기에 '산을 만든다'는 뜻을 가진 이름 'oxygen'을 붙였습니다. 이 공기가 수은체, 즉 산화수은을 만드는 데 기여했으니 산화 현상을 일으킨다고 해서 '산소'라고 부른 겁니다.

라부아지에는 산소를 제외한 나머지 80%의 공기에도 이름을 붙였어요. '아조트'라고 하는데, 생명이 없다는 뜻입니다. 오늘날에는 질소라고 부르죠. 오늘날에는 공기 중에 산소가 약 21%, 질소가 78% 정도 포함돼 있다고 알고 있는데, 라부아지에가 당시 상당히 근삿값으로 알아냈습니다.

셸레, 프리스틀리, 라부아지에 세 명은 공기에서 산소를 분리해 냈다는 점은 같지만, 라부아지에가 나머지 둘과 결정적으로 달랐던 점이 있습니다. 바로 산소의 존재를 플로지스톤설에 가두지 않았다는 겁니다. 라부아지에는 산소가 공기를 구성하는 성분 중 하나라고 생각했어요. 즉 산소를 지금까지 없었던 완전히 새로운 기체로 인식한 겁니다.

더 나아가 라부아지에는 불에 타는 현상도 새롭게 설명했습니다. 기존의 플로지스톤설에서는 물질에서 플로지스톤이 빠져나가서 불에 타는 거라고 설명했다면, 라부아지에는 외부에 있던 산소가 물질에 결합해서 불에 타는 거라고 주장했어요. 이 논리로는 물질이 불에 타고 나서 오히려 질량이 증가하는 현상도 깔끔하게 설명할 수 있죠. 불에 타면서 무언가 빠져나간 게 아니라 추가된 거니까요.

산소의 진정한 발견자 라부아지에

라부아지에는 1775년 9월 파리에서 열린 과학 회의에서 자신이 산소에 대해 알아낸 사실을 발표했습니다. 산소 발견에 최종적인 공을 가져간 셈이죠. 프리스틀리에게 실험 이야기를 들은 지 1년 만이었습니다.

이날 발표가 끝나고 라부아지에는 연극도 선보였는데요. 배우들을 고용해서 산소와 플로지스톤이 출연하는 모의재판을 보여준 겁니다. 산소가 주인공이고 플로지스톤은 멍청이처럼 나왔죠. 그리고 라부아지에의 아내도 출연해서 플로지스톤에 대한 교과서들을 불태우는 모습을 보여줬어요. 이는 플로지스톤설의 시대를 끝내겠다는 걸 상징했죠.

참 재미있는 쇼였는데 웃을 수 없는 사람이 있었습니다. 그 자리에는 산소를 발견했지만 플로지스톤설을 옹호했던 프리스틀리가 있었죠. 라부아지에는 프리스틀리의 실험 결과를 참고했을 텐데, 프리스틀리를 전혀 언급하지 않았어요. 산소 발견의 공을 전부 자기가 가져간 거죠. 4강에서 등장한 뉴턴과 비슷합니다. 뉴턴도 〈프린키피아〉에서 로버트 훅을 언급하지 않아서 나중에 훅이 표절 시비를 걸었으니까요.

하지만 프리스틀리는 훅과 달랐습니다. 프리스틀리는 라부아지에를 비난하지 않았어요. 프리스틀리에게는 누가 공로를 인정받느냐보다는 그 발견이 세상에 도움이 된다는 사실이 더 중요했거든요.

반면 라부아지에는 출세욕이 강한 사람이었습니다. 1783년 라부아지에는 물이 원소가 아니라 산소와 수소가 결합한 화합물이라는 사실을 발표했습니다. 먼 옛날 아리스토텔레스가 세상은 물, 불, 흙, 공기라는 4가지 원소로 이루어졌다고 주장했을 때부터 물도 공기처럼 오랫동안 순수한 물질로 여겨져 왔습니다. 하지만 물은 화합물입니다. 그런데 이는 라부아지에가 아니라 헨리 캐번디시Henry Cavendish라는 영국의 과학자가 먼저 생각한 아이디어였습니다. 캐번디시는 연구는 많이 했지만 발표는 거의 하지 않은 괴짜 과학자였습니다. 라부아지에는 분명히 캐번디시가 물의 성분을 연구했다는 걸 들어서 알고 있었는데도 역시나 자신의 결과를 발표할 때 캐번디시를 언급하지 않았죠. 그래도 역사는 캐번디시가 한 역할을 다 알고 있습니다.

라부아지에가 현대적인 관점에서 산소, 그리고 산소의 화학반응을 가장 제대로 이해한 사람이라는 건 확실합니다. 라부아지에는 연소에 이어서 호흡 이론까지 새로 정립했습니다. 기존의 플로지스톤설에선 숨을 내쉬는 것도 우리 몸속에 있는 플로지스톤, 즉 불의의 기운을 밖으로 내보내는 거라고 설명해 왔습니다. 그런데 라부아지에는 호흡은 음식 속의 탄소가 우리가 들이마시는 산소와 결합해서 이산화탄소가 되는 과정이고, 이때 발생한 열로 우리가 체온을 유지한 다는 이론을 펼쳤죠.

라부아지에는 이를 증명하기 위해 기니피그로 실험을 했습니다. 기니피그를 넣은 용기를 더 큰 용기에 넣고 그 사이에 얼음을 채웠습니다. 10시간이 지나자 기니피그의 체온으로 인해 얼음이 약 400그램 녹았습니다. 라부아지에는 그만큼의 얼음이 녹으려면 숯이 얼마나 필요한지 실험했고, 또 이산화탄소가 얼마나 나오는지도 알아봤습니다. 실험이 완벽하지는 않았지만, 그렇게 100년간 유럽을 지배했던 플로지스톤설은 1790년대 초에 폐기됐습니다. 이에 가장 큰 역할을 한 사람은 단연 라부아지에였죠.

라부아지에에게 유리했던 경쟁

라부아지에가 이렇게 과학적 발견을 하고 이론을 내놓는 데 유리했던 이유가 하나 있습니다. 바로 실험 장비였습니다. 프리스틀리는 주로 집에서 실험을 했고, 생활용품이나 주방에 있는 도구로 실험하기도 했습니다. 그런데 라부아지에는 항상 최첨단 실험 장비를 사용했습니다. 라부아지에는 부자이기도 했지만 나랏일을 많이 했습니다. 화약 제조 감독관으로 일하며 무기 공장에 있는 최첨단 실험 장비를 다 쓸 수 있었죠. 물론 본인 돈으로 산 비싼 기계도 있었고, 조수도 여러 명 있었습니다. 구경꾼들이 실험을 관람할 수 있는 관람실까지 있었죠.

무엇보다 중요한 건 라부아지에는 물질의 무게를 0.005그램까지 잴 수 있는 아주 정밀한 저울이 있었다는 겁니다. 그 덕분에 기체의 아주 미묘한 질량 차이를 정확하게 잴 수 있었어요. 화학 실험에서 정확한 측정은 매우 중요한 요소거든요. 라부아지에가 질량보존법칙을 발견한 것도, 비슷한 발견을 했던 다른 과학자들을 앞설 수 있었던 것도 최첨단 장비 덕을 무시할 수 없는 겁니다. 프리스틀리의 실험실이 17세기 수준이었다면 라부아지에의 실험실은 19세기 이후와 비슷한 수준이었던 거죠.

최첨단 장비가 중요한 건 지금도 마찬가지입니다. 그래서 기초과학에 많은 지원이 필요합니다. 과학을 향한 관심과 응원이 프리스틀리처럼 연구하는 과학자들에게 라부아지에 같은 환경을 만들어 줄 수 있습니다.

또 라부아지에가 프리스틀리보다 유리했던 점이 또 있습니다. 사실 라부아지에에게는 아내라는 강력한 조력자가 있었거든요. 라부아지에는 젊을 때 세금 징수원으로도 일을 했는데, 상사의 딸인 마리와 결혼했습니다. 마리는 교육 수준이 높고 외국어에도 능통했습니다. 영어, 프랑스어, 독일어, 라틴어까지 가능했죠. 그리고 라부아지에를 도우려고 화학 교육도 받았고, 유명한 화가에게 그림도 배웠습니다.

마리는 라부아지에를 어떻게 도왔을까요? 우선 논문을 번역했습니다. 플로지스톤에 대한 논문과 프리스틀리, 헨리 캐번디시의 논문을 번역해 준 덕분에 라부아지에는 산소에 대한 연구를 발전시킬 수 있었죠. 또 라부아지에가 실험을 할 때면 옆에서 데이터를 꼼꼼히 기록했습니다. 라부아지에가 책을 낼 때면 실험 과정이나 장비에 대한 삽화를 마리가 그렸죠.

▲ 〈M. 라부아지에와 M. 라부아지에 부인의 초상화〉 자크 루이 다비드

 마리는 라부아지에의 연구 결과를 이해하기 쉽게 정리하고 영어와 라틴어로 번역해 출판해 줬습니다. 사실상 마리도 과학자나 마찬가지였지만 안타깝게도 그 시대에는 여성이 조명받지 못할 때라 이름이 널리 알려지지 못했습니다. 오늘날에는 라부아지에가 화학의 아버지라면 마리는 화학의 어머니가 아닐까, 라고 재평가를 받고 있습니다.

 그저 남편과 함께 실험하는 그림 정도만 남아 있는 마리의 모습. 하지만 라부아지에가 유명해진 데에 이렇게 숨은 공신이 있었다는 것을 기억하면 좋겠습니다.

화학의 기초를 다지다

이렇게 보면 라부아지에가 우여곡절 없이 승승장구한 것 같죠? 사실 라부아지에의 새로운 이론이 한번에 받아들여진 건 아니었습니다. 원로 화학자들 사이에선 반대가 있었어요. 하지만 라부아지에는 겁내지 않았죠. 라부아지에는 이번엔 자신의 이론에 맞춘 새로운 화학 언어를 쓰기로 결심했습니다. 그렇게 현대화학의 기초가 된 화학 명명법이 탄생했는데요. 그전까지 화합물의 이름은 기준이 제각각이라 통일이 되지 않은 상태였습니다. 특히 대부분 연금술사들이 이름을 만들었기 때문에 어렵고 복잡했어요. 예를 들면 황산은 '독한 기름', 황산칼륨은 '안티몬의 버터', 붕산은 '훈베르크를 진정시키는 염'... 이런 식이었죠. 연금술이 아니더라도 탈 플로지스톤 공기, 고정 공기 같은 것도 라부아지에에게는 적절해 보이는 단어가 아니었습니다.

라부아지에는 뚜렷한 기준을 세워서 이름들을 새로 정리했습니다. 우선 원소의 이름을 산소, 수소, 황산 등으로 정했고, 화합물은 규칙성 있게 이름을 붙였습니다. 예를 들어 산소와 질소가 결합했다면 산화질소, 산소와 철이 결합했다면 산화철입니다. 현재 우리에게도 익숙한 표기법이죠. 이 덕분에 어떤 화학자든 자기가 발견한 내용을 상대방에게 전달할 때 훨씬 용이해졌습니다.

이런 화학 명명법이 담겨 있는 책이 라부아지에의 역작 〈화학 원론〉입니다. 이 책은 화학의 역사에서 가장 중요한 분기점이 되는 책인데요. 새로운 연소 이론, 33종의 원소 목록, 질량 보존의 법칙이 기록돼 있습니다. 방정식을 도입해서 화학반응을 표기했고, 화학 실험 장비를 사용하는 법도 나와 있죠. 뉴턴이 〈프린키피아〉로 과학 혁명을 일으

켰다면 라부아지에는 이 책으로 화학 혁명을 일으킨 겁니다. 이 책은 여러 나라 언어로 번역되어 최초의 화학 교과서로 쓰였습니다.

단두대에서 최후를 맞이한 라부아지에

그런데 〈화학 원론〉이 출판된 1789년, 프랑스에 엄청난 변화의 바람이 붑니다. 바로 민중의 대혁명, 프랑스혁명이 시작된 거죠. 극심한 빈부 격차로 일어난 이 혁명에서 부유층이었던 라부아지에는 무사하지 못했습니다. 특히나 라부아지에는 세금 징수 조합의 간부였어요.

당시에는 왕을 대신해서 세금 징수 조합이 세금을 거뒀습니다. 그런데 귀족에게서 걷지 않고 서민에게서만 왕창 걷어서 이윤도 남겼죠. 라부아지에는 세금 징수 조합장의 딸과 결혼했습니다. 게다가 조합의 지분을 3분의 1이나 가진 대주주였죠. 사실 라부아지에는 지방의회 동료한테 세금 징수를 좀 더 공정하게 해야 한다고 편지를 쓴 적도 있고, 어쩌면 당시로선 그냥 돈 되는 투자를 한 걸 수도 있습니다.

그럼에도 세금 징수원인 건 변함없는 사실이고, 라부아지에가 어떤 사람인지와는 별개로 세금 징수가 가혹했던 것도 사실이었어요. 결국 혁명이 시작되고 5년 후인 1794년 부패의 상징이었던 전직 세금 징수원 28명에게 사형이 선고됐습니다. 그리고 재판 당일 사형을 당하는데, 세 번째 처형자는 라부아지에의 장인어른이었고 네 번째 처형자가 바로 라부아지에였습니다. 그는 자신은 그저 과학자일 뿐이라고 해명했지만, 재판장은 "공화국은 과학자를 필요로 하지 않는다"라는 말을 남겼습니다.

그렇게 50세의 라부아지에는 단두대의 이슬로 사라지고 말았습니다. 당시 수학자 조제프루이 라그랑주Joseph-Louis Lagrange는 이런 말을 남겼습니다.

> 그의 머리를 베는 건 한순간이지만, 저런 똑똑한 머리를 만드는 건 100년이 걸려도 불가능하다.

라부아지에의 조력자이자 아내였던 마리는 아버지와 남편을 동시에 잃고 충격에 빠졌습니다. 남편과 아버지의 처형을 막지 못한 라부아지에의 동료들을 평생 원망했고요. 재혼도 하지만 금방 이혼하고 평생 라부아지에의 업적을 알리는 일에 전념했습니다.

프리스틀리의 비극적인 말년

이렇게 희비를 오갔던 라부아지에의 삶처럼, 같은 시대를 살았던 조지프 프리스틀리의 인생도 드라마틱했습니다. 특히 만년은 똑같이 비극적이었는데요. 프리스틀리는 화학이 발전하는 데 많은 역할을 했지만 조국인 영국에서 미움을 받았습니다.

1791년엔 폭도가 된 시민이 프리스틀리의 집을 다 부수고 태워버려서 실험 도구와 책들이 잿더미가 돼 버렸습니다. 무엇 때문이었을까요?

프리스틀리는 프랑스혁명을 지지하는 영국인이었습니다. 권력이 국민에게 있어야 한다고 생각했죠. 그러다 보니 왕이 있는 영국에선 적이 많았습니다. 그래서 '버밍햄 폭동'이라 불리는 사건이 벌어졌을 때 영국 왕을 추종하는 사람들로부터 교회와 집을 공격당한 거죠. 며칠 후 프리스틀리는 폭동 주동자에게 이런 편지를 보냈습니다.

당신들은 가장 가치 있고 유용한 철학적 실험 도구를 파괴했습니다.
그것은 인류의 이익에 기여할 물건이었으며 어디에도 없을 최고의 보물이었습니다.
그러나 그보다 더 안타까운 것은 내 연구 결과가 담긴 원고를 파기했다는 겁니다.
그것은 나 자신도 다시는 복구하지 못합니다.

결국 프리스틀리는 60대였던 1794년에 미국으로 망명했습니다. 미국은 영국과의 독립 전쟁을 치른 후라 프리스틀리를 크게 환영했죠. 하지만 미국에 정착한 지 2년이 채 되지 않아 아들이 병으로 떠나고 아내마저도 차례로 세상을 떠났습니다. 그 후 프리스틀리는 죽기 전까지도 플로지스톤설을 붙들고 있었는데, 끝내 플로지스톤의 원리를 확립하지 못했습니다. 그리고 71세에 병으로 세상을 떠나고 말았죠. 참 안타까운 점은 프리스틀리가 플로지스톤에 대한 믿음 때문에 자신이 발견한 산소의 가치를 알아보지 못했다는 겁니다. 그래서 프리스틀리를 '딸을 인정하지 않은 현대화학의 아버지'라고 부르는 사람도 있습니다.

하지만 누가 뭐라고 부르든 간에 프리스틀리는 평생 책을 100권이 넘게 펴냈고 과학에 지대한 공을 세웠습니다. 특히나 자신의 업적을 내세우지 않은 겸허하고 청빈한 태도를 지닌 사람이었죠.

'산소 전쟁' 최후의 승자는?

과연 라부아지에가 승자이고 프리스틀리가 패자였을까요? 결론부터 말하면 그렇지 않았습니다. 라부아지에의 이론에도 오류가 많았어요. 그중 결정적인 오류는 산소가 산성을 만든다는 겁니다. 산 중에는 산소가 포함되어 있지 않은 것도 많거든요. 우리가 잘 아는 산인 염산에도 산소가 들어 있지 않습니다. 또 플로지스톤설도 폐기되긴 했지만 상당히 쓸모 있는 가설이었습니다.

전자는 산소가 발견되고 100년도 더 지나서 발견됐는데, 실제로 플로지스톤은 전자가 가진 특성을 가지고 있습니다. 폐기된 이론에서도 배울 점이 있을 수 있다는 거죠.

5강에서는 조지프 프리스틀리와 앙투안 라부아지에 대한 이야기를 해 봤는데요. 출신도, 경제력도, 외모도 너무 달랐던 두 사람에게서 우리가 주목해야 할 건 누가 진짜 산소의 발견자냐가 아닙니다. 과학에선 '발견을 먼저 했다'가 아니라 '그걸 어떻게 해석했느냐'가 더 중요하다는 걸 기억해 주시면 좋겠습니다.

꼭 과학만이 아니라 우리의 인생과 세상도 마찬가지인 것 같습니다. 진짜 발견은 발견한 순간이 아니라 눈앞에 있던 걸 다르게 보는 순간 시작되는 것 같습니다.

생명 설계의 비밀

찰스 다윈

1809.02.12. ~ 1882.04.19.

제니퍼 다우드나

1964.02.19. ~

에마뉘엘 샤르팡티에

1968.12.11. ~

©Christopher Michel
https://upload.wikimedia.org/wikipedia/commons/7/7e/Jennifer_Doudna_by_Christopher_Michel_in_2023_07.jpg

©Bianca Fioretti, Hallbauer & Fioretti
https://upload.wikimedia.org/wikipedia/commons/a/a0/Emmanuelle_Charpentier.jpg

과학에는 참 다양한 분야가 있습니다. 저는 천문우주학을 전공했지만 과학 커뮤니케이터로서 화학, 물리, 지구과학, 생명과학 등 다른 분야에도 관심이 많습니다. 강연을 다니다 보면 과학에 막 입문하는 분들은 대부분 생물에 대한 이야기를 좋아하시더라고요. 다른 과학 분야보다 수학의 개입이 적어 진입장벽이 낮은 편이고, 내 삶과 가장 근접해 보여서 편하게 받아들이는 게 아닐까 싶습니다. 그래서 6강에선 생명공학에 대한 이야기를 해볼까 합니다. '변화에 가장 잘 적응하는 것이 살아남는다'라는 말을 남긴, 누구나 한 번쯤 들어본 이름의 과학자와 그의 이론으로 현대 생명공학에 큰 공헌을 남긴 두 사람에 대해 알아봅시다.

인간과 원숭이의 조상은 같다?

1838년 런던의 한 동물원에는 지금의 푸바오 같은 인기 스타가 있었습니다. 당시에는 인도네시아 쪽에서만 서식했던 동물이라 유럽인에겐 낯선 존재였는데요. 바로 사람의 옷을 입고 사람처럼 행동하는 3세 오랑우탄 제니였습니다. 제니는 지푸라기로 기차를 만들고 사람처럼 스푼을 들고 차를 마셨죠. 빅토리아 여왕은 그 모습을 보고 불쾌할 정도로 인간을 닮았다며 언짢아했는데요. 그만큼 당시 유럽인들에게 오랑우탄은 인간과 동물의 경계를 모호하게 만드는 당혹스러운 존재였습니다.

그런데 이때 동물원을 어슬렁거리던 한 청년이 제니를 오랫동안 유심히 관찰했습니다. 그리고 이런 기록을 남겼죠.

제니는 질투할 때 자신의 치아를 드러내며 짜증 내는 소리를 낸다.
제니는 사육사가 사과를 주면 이 세상에서 가장 만족한 표정으로 사과를 먹는다.

이 청년은 제니의 표정이 어린아이들과 비슷하다며 오랑우탄도 인간 같은 감정 표현이 가능하다는 결론을 내리는데요. 세상을 보는 눈이 남달랐던 이 청년 바로 오늘의 주인공입니다. 인간과 원숭이는 같은 조상에서 나왔고 모든 생물에겐 공통의 조상이 있다고 주장한 이 사람은 바로 찰스 다윈Charles Darwin입니다. 찰스 다윈은 훌륭하고 유명해서 과학에 관심 없는 사람들도 잘 아는 이름입니다. 진화론을 주장하고, 〈종의 기원〉이라는 책을 쓴 사람으로 누구나 아는 이름이지만 막상 그에 대해 아는 건 별로 없는 수많은 과학자 중 한 사람입니다.

의사를 포기하고 배에 오르다

찰스 다윈은 영국 사람입니다. 1809년에 부유한 의사 집안에서 태어났는데요. 가족 이력도 남달랐습니다. 우선 증조할아버지 로버트 다윈Robert Darwin은 과학자가 아닌데 계단의 돌에서 쥐라기 시대의 공룡 화석을 발견했습니다. 다윈의 할아버지인 이래즈머스 다윈Erasmus Darwin은 성공한 의사였는데, 찰스 다윈과 관심 분야가 비슷했습니다. 진화와 관련된 아이디어를 다윈보다 먼저 책에 쓴 적이 있고, 과학계 명사이기도 했죠. 다윈의 아버지도 의사였고, 명문가인 웨지우드 집안의 여인과 결혼했습니다. 웨지우드는 영국 왕실에도 납품할 만큼 최고급 식기를 만드는 기업으로, 지금도 백화점에 가면 웨지우드 제품들을 볼 수 있습니다.

찰스 다윈은 의사인 아버지와 웨지우드 창업주 딸인 어머니 사이에서 태어났습니다. 즉 태어날 때부터 돈 걱정을 별로 할 필요가 없는 금수저라는 겁니다. 그래서 다윈은 평생 별다른 직업이 없이 연구만 하고 지냈습니다.

그래도 처음엔 직업을 가지려고 했습니다. 대대로 의사 집안이다 보니 아버지는 다윈도 의사가 되길 바랐죠. 그래서 의대에 보냈는데, 다윈은 비위가 약했습니다. 의대에서 해부 실습을 할 때 상당히 힘들어했는데, 당시 마취제가 개발되기 전이라 마취 없이 수술하는 걸 보다 뛰쳐나오기도 했죠. 거기다 다윈은 해부학 교수를 싫어해서 수업에 들어가길 꺼려했어요.

결국 다윈은 의대를 자퇴했습니다. 화가 난 아버지는 이번엔 목사가 되라고 신학대학에 보냈습니다. 하지만 다윈은 신학보다 다른 분야에 관심이 많았습니다. 다윈은 어릴 때부터 동물과 곤충을 채집하는 걸 좋아했거든요. 신학대학에서도 교양 과목으로 들은 식물학과 지질학을 훨씬 잘했어요. 교수들 눈에도 탐나는 인재였습니다.

그렇지만 다윈의 아버지는 여전히 다윈을 못마땅하게 여겼어요. 가족의 수치라고 말할 정도였죠. 그럼 다윈은 아버지의 반대 속에서 어떻게 우리가 아는 그 위대한 과학자 다윈이 됐을까요?

다윈이 대학을 졸업할 때쯤 다윈의 인생에 큰 전환점이 찾아왔습니다. 커다란 해군 함선을 타고 몇 년 동안 세계 여행을 하면서 자연 탐사를 할 수 있는 일을 제안받은 거죠. 이게 바로 그 유명한 비글호 탐사입니다.

당시 영국은 전 세계에 식민지를 두고 있었는데, 식민지를 더 효율적으로 관리하려면 정확한 지도가 필요했습니다. 그래서 해군 함선이 전 세계를 돌아다니면서 해안선을 측량하는 작업을 했죠. 그런데 항해를 몇 년 동안 하는 것은 심심하고 외로운 일이었습니다. 그래서 비글호의 선장인 로버트 피츠로이Robert FitzRoy는 지적인 말동무를 비글호에 태우고 싶어 했습니다. 피츠로이는 나중에 영국 최초의 기상청장이 될 정도로 과학에 관심이 많은 사람이었죠. 피츠로이는 같이 갈 사람을 수소문했는데요. 마침 다윈을 가르친 교수가 다윈을 추천해 줬습니다.

사실은 아주 좋은 기회였기 때문에 교수 본인이 가고 싶었는데 그때 아내가 임신을 하는 바람에 가지 못했습니다. 그래서 제자인 다윈이 가게 된 겁니다. 기가 막힌 우연이죠. 다윈도 말하는 걸 좋아하고 박식해서 함께 항해하기 좋은 인물이었습니다. 그전부터 과학자들의 세계 여행기에 푹 빠져 있던 다윈은 이 기회를 놓칠 수 없었습니다.

▲ 바닷가에 놓인 비글호

 이렇게 다윈은 20대 초반에 비글호에 입성하게 됩니다. 문제는 다윈에게 직책이 없었고, 심지어 항해 경비를 본인이 부담해야 했다는 겁니다. 현재 기준으로 약 1~2억에 달했습니다. 다윈의 아버지는 시간 낭비라고 생각해서 결사반대했죠. 다행히 다윈의 외삼촌이 아버지를 열심히 설득했습니다. 이렇게 다윈은 아버지의 허락도 받고 여행 경비도 지원받는 데 성공했습니다. 이때 항해에 참여하지 못했다면 어떻게 됐을까요? 정말 많은 게 바뀌었을 것 같은 역사적인 순간이라고 할 수 있습니다.

열악한 탐험에서 시작된 발견

 그렇게 1831년 12월 27일 비글호는 5년에 걸친 항해를 시작합니

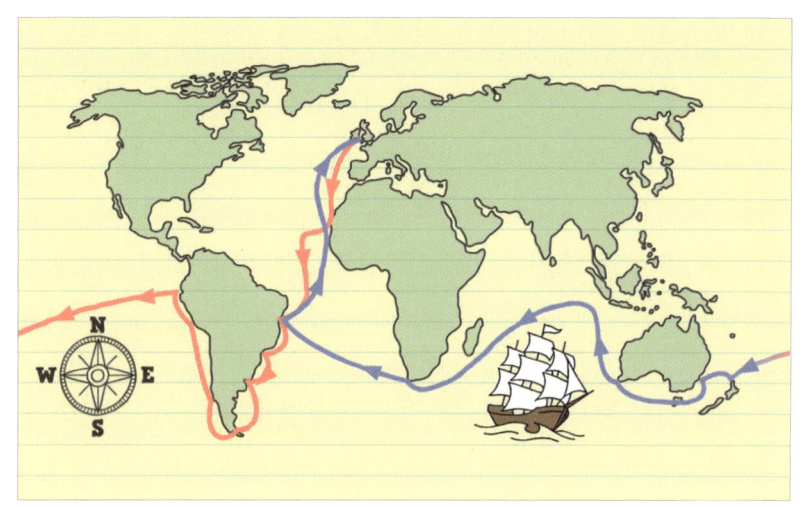
▲ 비글호의 여정. 남아메리카, 오세아니아, 남아프리카를 거쳐 영국에 돌아왔다.

다. 다윈의 〈종의 기원〉에 바탕이 된 역사적인 항해였죠. 비글호는 영국에서 출발해서 대서양을 지나 남아메리카, 갈라파고스 제도, 호주, 인도양, 남아프리카를 거쳐 그야말로 세계 일주를 했습니다. 말만 들으면 고급 크루즈 여행으로 오해할 수 있는데, 비글호는 군함이었습니다. 그리고 관광지가 아닌 지역을 다녔기 때문에 아주 고된 항해였는데요. 다윈의 키가 180cm가 넘었는데, 그가 지내던 선실은 한 평 크기에 높이도 1.5미터 정도밖에 되지 않았습니다. 침대도, 전기도 없었죠. 식사도 대부분 통조림으로 때웠습니다. 항해 중에 자연재해를 만나서 표류하는 일도 많았고요. 특히 남아메리카는 야생 그 자체라서 목숨을 걸고 탐사해야 했습니다.

그것 말고도 또 문제가 있었는데요. 한번은 다윈이 피츠로이 선장과 대판 싸우고 배에서 내릴 뻔한 일이 생겼습니다. 브라질에 도착했을 때 노예들이 학대받는 걸 보고 다윈이 너무 충격을 받아 노예제를 반대한 겁니다. 반면 피츠로이 선장은 영국에 충성하는 해군이었고, 노예제를 옹호하는 사람이었습니다. 둘이 대판 싸운 뒤 다윈이 배에서 내린다고 했는데, 다행히 여기서 피츠로이 선장이 사과해서 함께 항해를 이어갈 수 있었죠. 덕분에 우리 인류의 생물학 역사에 큰 차질이 생기지 않게 됐습니다. 이때 다윈이 배에서 내렸다면 어떻게 됐을까요?

어쨌든 이런 난관에도 다윈의 열정은 불타올랐습니다. 다윈은 배가 땅에 닿을 때마다 미지의 땅에서 새로운 생물과 광물을 찾아 부지런히 표본을 채집했습니다. 이렇게 채집한 생물 표본과 뼈 화석들이 무려 5,000개가 넘었죠.

더 대단한 건 다윈이 5년간 항해하며 세세한 일지를 썼다는 건데요. 나중에 일지를 바탕으로 책 원고를 만들었을 때 무려 2천 쪽에 달하는 대기록이 나왔습니다. 항해 중에 무슨 일이 있었기에 이렇게 방대한 분량이 나왔을까요?

다윈이 살던 시대의 세계관은 지금과 달랐습니다. 기독교 문화권이었던 유럽에선 대중들뿐만 아니라 학자들도 창조론을 믿었습니다. 신이 약 6천 년 전에 지구와 생명체를 만들었고, 모든 생물은 지금과 비슷한 모습으로 창조됐다고 믿었죠.

하지만 다윈은 비글호에서 항해하며 창조론에 조금씩 의문을 품게 됩니다. 먼저 다윈은 남미 동쪽의 해변에서 정체를 알 수 없는 커다란 동물들의 뼈를 찾아냈는데요. 자세히 관찰한 결과, 하나는 톡소돈이라는 동물의 것이었습니다. 톡소돈은 코뿔소의 몸과 하마의 머리를 지닌 동물이었는데요. 카피바라와 얼핏 비슷하게 생겼지만 크기가 코끼리만 했습니다. 아주 오래전에 멸종된 동물이었죠. 또 다른 뼈의 정체는 메가테리움이었습니다. 이 동물은 크기가 6미터, 몸무게가 4톤 정도였죠. 이 동물은 나무늘보의 조상인데 역시 오래전에 멸종된 동물이었습니다. 지금 우리가 아는 나무늘보는 커봐야 80센티미터도 안 되니까 메가테리움이 얼마나 거대했는지 아시겠죠?

다윈은 톡소돈과 메가테리움의 뼈를 보고 이런 궁금증을 가졌습니다.

신은 왜 큰 동물을 멸종시키고, 외형은 비슷하지만 더 작은 동물로 대체한 걸까?

신선한 질문이죠. 다윈은 몸집 큰 동물이 힘도 더 세고 생존에 유리할 것 같은데 왜 멸종한 건지 고민하기 시작했습니다.

그리고 1835년 9월 비글호는 갈라파고스 제도에 도착하는데요. 갈라파고스 제도는 남미 해안에서 800킬로미터 이상 떨어진 곳이었습니다. 12개가 넘는 화산섬으로 이루어진 곳이고, 육지에서 워낙 멀리 떨어져 있다 보니 희귀한 종이 많았습니다. 지금도 매우 고립된 장소를 '갈라파고스'라고 표현합니다.

이 갈라파고스에 있던 특이한 종 중 대표적인 게 코끼리거북이었습니다. 길이는 2.4미터, 몸무게는 약 230킬로그램에 달하는 초대형 거북이었죠. 약간 공룡 같기도 하죠?

중요한 점은 이 코끼리거북이 사는 섬마다 모습이 조금씩 달랐다는 겁니다. 생김새가 다른 건 코끼리거북뿐만이 아니었어요. 갈라파고스에는 핀치새도 있었는데, 핀치새도 섬마다 부리의 모양이 달랐

▲ 갈라파고스 코끼리거북

습니다. 열매가 풍족했던 섬에서는 부리가 두꺼웠고, 선인장이 많은 섬에서는 부리가 뾰족했죠. 다윈은 이런 갈라파고스의 동물들을 보면서 '왜 신은 비슷하지만 차이가 있는 수많은 종을 만들었을까?'라는 의문을 품었습니다. 그리고 여기엔 신의 의도와는 무관한 자연의 원리가 존재할 것이라고 추측했죠.

참고로 다윈이 핀치새를 보고 마치 유레카를 외치듯 진화론을 떠올린 것으로 알려져 있는데, 이건 사실이 아닙니다. 다윈은 발견 당시엔 핀치새인지도 몰랐고 전부 다른 종류의 새라고 생각했습니다. 항해를 마치고 나서야 이 새들이 사실은 다 핀치새인데 서로 다른 종류의 핀치새라는 걸 알게 됐습니다. 조류학자가 다윈의 표본을 보고 알려줬죠. 다윈은 그때서야 같은 생물도 환경의 차이로 변화할 수 있다는 생각에 이르렀습니다. 바로 진화론에 대한 힌트를 얻은 거죠.

1836년 10월, 비글호는 약 5년간의 항해를 마치고 영국으로 돌아왔습니다. 배를 타기 전에는 아버지에게서 돈을 겨우 얻어 항해를 떠

▲ 다윈이 관찰한 서로 다른 종류의 핀치새들

난 '금쪽이'였는데요. 돌아올 땐 말 그대로 금의환향했습니다. 항해하는 동안 수집한 자연 표본을 계속 영국으로 보냈는데, 그것 때문에 영국에서 매우 유명한 박물학자가 된 겁니다. 다윈은 드디어 아버지에게도 인정받게 됐죠. 다윈은 피츠로이 대령과 함께한 항해기를 책으로 출간했는데, 다윈이 집필한 부분이 유독 인기가 많아서 그 부분만 떼어 〈비글호 항해기〉라는 책을 새로 냈습니다. 이 책이 크게 흥행하면서 다윈은 대중에게 널리 알려지고 과학계에서도 명성을 쌓게 됩니다.

하지만 우리가 잘 아는 진화론은 아직 등장하지 않았습니다. 우선 창조론에 반하는 주장을 쉽게 발표할 수 있는 상황이 아니었습니다. 마치 갈릴레오가 지구는 돈다고 말하기 힘들었던 때와 비슷한 상황이었던 거예요. 거기다 다윈 이전에도 진화론을 주장하는 사람들이 있었는데 근거가 부족해서 잘 받아들여지지 않았습니다. 그래서 다윈은 진화론을 어디에 내놔도 설득력 있는 이론으로 만들기 위해 아주 긴 시간 고군분투했죠.

진화론의 탄생

이때 다윈에게 커다란 영감을 준 책이 있었는데, 바로 경제학자 토머스 멜서스Thomas Malthus가 쓴 유명한 〈인구론〉이라는 책이었습니다. 이 책에서 멜서스는 인구가 식량보다 훨씬 빨리 늘기 때문에 기근이나 질병, 전쟁 같은 조절 메커니즘이 나타나서 인구를 제한하게 된다고 주장했습니다. 여기서는 무분별한 복지 정책이나 빈곤 구제가 재앙으로 이루어질 수 있다는 함의를 담고 있었는데요. 다윈은 이 책을 보고 무슨 힌트를 얻은 걸까요? 다윈의 생각을 한번 따라가 보겠습니다.

> 동물은 영토와 먹이 번식을 위해 경쟁한다. 이 중 자신이 사는 환경에 유리한 특징을 가진 동물이 번식할 기회가 높아진다.
> 그러면 이 유리한 특징을 다음 세대가 물려받는다.
> 이건 농부가 더 많은 양털을 얻기 위해 양털이 많은 양들끼리 교배시켜서 몇 세대가 지나면 털이 많은 양들이 훨씬 많아지는 현상이나 마찬가지다.

> 즉, 자연도 농부처럼 선택을 한다. 특정 환경에서 살아남고 번식하기 위해 유리한 동물을 선택한다.

다윈은 이 과정을 '자연선택'이라고 불렀습니다. 그리고 진화는 이 방법을 통해 이루어진다고 믿었죠. 이런 자연선택에 의한 진화는 종의 기원에서 핵심이 되는 내용입니다. 우리는 교과서에서 배워서 상식으로 알지만 그 당시엔 완전히 새로운 생각이었죠. 그래서 다윈은 20년 가까이 이 책을 출판할 용기를 내지 못했습니다. 다윈에게 많은 영감을 준 찰스 라이엘Charles Lyell이라는 지질학자도 다윈의 자연선택설엔 회의적이었으니까요.

다윈은 1844년에 이 책의 원고를 책장에 끼워 넣고 자신이 사망한 뒤에 출판해 달라는 메모를 써뒀을 정도니, 얼마나 고민했는지 짐작이 갑니다.

그런데 결국 다윈은 생전에 〈종의 기원〉을 세상에 내놓게 됐습니다. 왜일까요? 바로 한 장의 편지 때문이었습니다. 1858년 다윈은 인도네시아 말루쿠제도에서 온 한 통의 편지를 받습니다. 편지의 주인공은 앨프리드 월리스Alfred Wallace로, 다윈보다 14세 어린 영국인이었습니다. 월리스는 다윈처럼 직접 탐사를 떠나 생생한 자료를 얻은 사람이었고, 다윈을 굉장히 존경했는데요. 자신이 쓴 논문이 출간할 가치가 있는지 물어보려고 다윈에게 편지를 보낸 겁니다.

그런데 편지를 받은 다윈은 깜짝 놀라고 말았습니다. 월리스의 논문이 자기가 쓰고 있던 〈종의 기원〉의 요약본 같았거든요. 다윈이 동료 학자인 찰스 라이엘에게 쓴 편지를 보면 당시 그가 얼마나 충격을 받았는지 짐작할 수 있습니다.

> 제가 선수를 뺏길 거라는 교수님 말씀이 그대로 사실이 됐습니다.
> 제가 1842년에 쓴 원고 스케치를 월리스가 갖고 있었다고 해도 이보
> 다 더 잘 요약할 수는 없었을 겁니다.

다윈이 진화론을 오래전부터 연구해 온 걸 알고 있던 친한 과학자들은 이 소식을 듣고 부랴부랴 다윈 구출 작전에 들어갔습니다. 우선 학회에 발표할 논문을 급조했어요. 그리고 1858년 학회에 다윈과 월리스 두 사람의 이름으로 논문 기습 발표를 했죠. 이 자리에는 다윈과 월리스 둘 다 사정이 있어서 참석하지 못했습니다.

이 상황에 대해 월리스가 열받을 만도 하죠? 그런데 특이하게도 월리스는 굉장히 기뻐했습니다. 그리고 다윈이 자신보다 더 오래 연구해왔으니 다윈이 자연선택이론의 주인이라는 걸 받아들였죠. 월리스는 그 후로도 자연선택이론을 말할 때는 꼭 '다윈주의'라고 불렀다고 합니다.

이전에 여러 과학자들을 소개하면서 서로가 이론의 주인이 되려고 얼마나 목을 맸는지 기억하시죠? 그런 면에서 앨프리드 월리스는 정말 대인배라고 할 수 있습니다. 이 사건 이후 다윈은 출간을 더 미룰 수 없다고 판단했습니다. 그래서 서둘러 20년간의 연구를 정리해 약 500쪽 분량의 원고를 완성했죠.

진화론, 반대에 부딪히다

1859년 11월, 마침내 〈종의 기원〉이 세상에 나왔습니다. 논문의 전

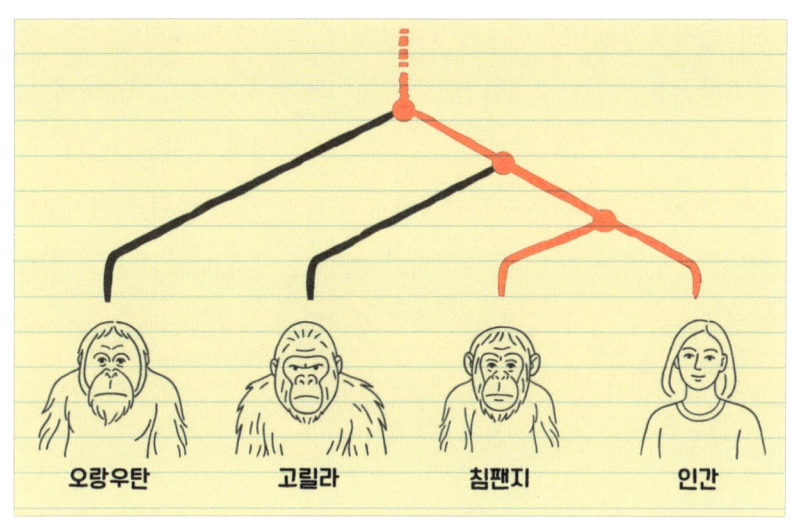

▲ 다윈의 '생명의 나무'에 따르면 인간과 침팬지는 공통된 조상에서 갈라져 나온 생명체다.

체 제목은 〈자연 선택에 의한 종의 기원〉 또는 〈생존 투쟁에서 유리한 종족의 보존에 관하여〉입니다. 〈종의 기원〉은 그야말로 대박이 났어요. 그런데 진화론을 뒷받침하는 수많은 증거들을 내놨는데도 종교계뿐만 아니라 많은 과학자들에게 격하게 비판받았습니다. 〈종의 기원〉에는 자연선택만큼이나 논쟁거리인 내용이 또 있었거든요. 바로 모든 생명체가 공통된 조상을 갖고 있다는 내용이었습니다. 진화는 공통의 조상에서 나무가 가지가 갈라져 나오듯이 벌어졌다는 이야기였죠.

다윈은 이를 '생명의 나무'라는 그림으로 표현했습니다. 생명의 나무에 따르면 인간과 침팬지는 공통 조상에서 갈라져 나온 생명체인데요. 당시 사람들은 이걸 왜곡해서 인간이 원숭이에서 진화했다는 거나 마찬가지라고 공격했습니다. 이 책의 존재 자체가 불편한 사람들에게는 공격할 거리가 너무나 많은 책이었던 거죠. "야, 그럼 원숭이가 사람이 됐다는 거냐?" 딱 봐도 화제성이 대단한 질문이죠.

이 문제로 1860년 옥스퍼드대학에서 토론이 펼쳐졌습니다. 영국 과학진흥협회가 주최한 공개 토론회였는데 청중이 700명이 넘게 모였죠. 당시로선 이례적으로 큰 규모의 과학 행사였습니다. 아쉽게도 다윈은 건강 문제로 참석하지 못했고, 대신 다윈의 지지자인 생물학자 토머스 헉슬리Thomas Huxley가 토론자로 나왔습니다. 진화론 반대파로는 영국 성공회의 고위 성직자인 새뮤얼 윌버포스Samuel Wilberforce 주교가 나왔죠.

먼저 윌버포스 주교가 선방을 날립니다.

> 당신의 할아버지 선조가 원숭이요? 아니면 할머니 선조가 원숭이요? 어느 쪽이요?

헉슬리는 심각한 비난을 받고 이렇게 받아쳤습니다.

> 신이 선물한 지적 능력을 가지고도 진실을 왜곡하는 인간을 할아버지로 삼느니 차라리 정직한 원숭이의 후손이 되는 게 낫겠소.

객석은 난리가 나는데요. 그중에 비글호 선장 피츠로이도 있었습니다. 피츠로이는 자신이 진화론에 기여했다는 생각으로 평생을 괴로워했다고 합니다. 자신이 다윈을 배에 태워줬기 때문에 이 사달이 났다는 죄책감 때문이었죠.

사실 다윈은 종의 기원에서 인간의 조상에 대한 언급은 되도록 피했는데, 결국 이게 토론의 쟁점이 되고 말았습니다. 이 토론회 이후로도 논쟁은 계속됐고요.

다윈은 11년 뒤 〈인간의 유래와 성선택〉이라는 책을 내서 인간이 유인원에서 진화했다는 왜곡에 정면으로 반박했습니다. 이 책에는 암컷이 짝짓기 상대를 선택하는 것이 종의 진화를 이끈다는 새로운 내용도 포함되어 있었죠. 대중에게 자극적인 내용이다 보니 사람들이 물어뜯고 싸웠습니다.

〈종의 기원〉이 중요한 이유

지금까지 〈종의 기원〉에 대해 이런저런 이야기를 해봤는데요. 〈종의 기원〉은 왜 그렇게 인류 역사에서 중요한 책이 된 걸까요? 논란 많던 책이 어떻게 후대에 위대한 결과물로써 마무리됐을까요? 여러 가지 의미가 있지만, 중요한 점은 다윈이 인간의 위치에 대한 패러다임을 바꿔놨다는 겁니다.

그전까지 사람들은 인간이 자연계의 최상위층에 있는 아주 특별한 존재라고 생각했습니다. 그런데 다윈이 제시한 생명의 나무에 따르면 인간은 그저 환경에 맞게 살아남은 현존하는 수많은 종 중 하나일 뿐입니다. 그 나무에는 위계가 따로 없습니다. 코페르니쿠스의 지동설이 지구가 우주의 주인공이 아니라는 걸 알려준 것처럼 다윈은 인간이 자연의 주인공이 아니라는 걸 직시하게 해준 거예요. 그래서 〈종의 기원〉이 그토록 혁명적이었던 겁니다.

〈종의 기원〉은 위대한 책이지만, 여전히 다윈의 이론으로도 설명되지 않는 것들이 있었습니다. 예를 들어 기린마다 목의 길이가 다른 이유, 성인 인간의 키가 다른 이유 등을 제대로 설명할 수 없었죠. 이는 유전자 때문에 생기는 현상인데, 같은 종이어도 유전자가 조금씩 달라서 일어나는 현상입니다. 그런데 다윈의 시대에는 아직 유전자라는 개념이 발견되지 않았기 때문에 과학적으로 증명할 방법이 없었습니다.

　대신에 다윈은 다른 근거를 주장했는데요. 세포들이 번식할 때 자신의 특성을 지닌 '제뮬gemmule'이라는 입자를 만들어 생식기관으로 보내고 이 제뮬들이 모여서 식물의 씨앗이나 동물의 알을 만든다는 제뮬 가설을 만들었습니다. 조금 이상하지 않나요? 역시나 이 가설은 다윈의 열성적인 지지자들에게조차 무시당했습니다. 그들이 보기에도 타당하지 않은 부분이 있던 거죠.

　다윈의 진화론에서 부족했던 퍼즐들은 후대의 과학자들 덕분에 하나둘씩 맞춰졌습니다. 다윈과 동시대 인물인 멘델이 오스트리아에서 완두콩 실험을 통해 유전 법칙을 발견했습니다. 멘델의 완두콩 실험, 다들 아시죠? 하지만 두 사람은 당시 교류하지 않았기 때문에 서로의 연구를 발전시킬 수 없었습니다.

　멘델의 유전 법칙은 멘델이 죽은 뒤 1900년대에 재조명되면서 '유전자'라는 개념이 등장했습니다. 그리고 한참 동안 검증을 거듭해서 1952년 DNA가 유전 물질이라는 것이 밝혀졌고요. 이어서 1953년 DNA가 이중나선 구조라는 것이 밝혀지면서 유전자가 후대에 전해지는 원리까지 알려졌습니다.

　이러한 긴 과정을 통해서 지금 우리가 진화에 대해 많은 사실을 밝혀낼 수 있었습니다. 유전자에서 일어난 변이가 자손에게 대물림되고 변이와 자연선택의 과정이 아주 오랜 세월 동안 되풀이되면 결국 종은 분화하고 생물은 진화하게 된다는 것을 알게 됐죠. 다윈의 진화론이 후대 과학자들에 의해 진화한 셈입니다. 그런데 진화의 비밀을 풀어가는 과정에서 발견한 이 유전자가 엄청난 열쇠가 되어 새로운 시대의 문을 열게 됩니다. 바로 유전자가위를 이용한 유전자 편집 기술입니다.

유전자가위를 개발한 두 과학자

조금 현대로 건너와 보겠습니다. 2020년 10월 7일, 두 명의 과학자가 노벨화학상 수상자로 선정되는데요. 이들의 공로는 '크리스퍼 캐스9 CRISPR/Cas9'이라는 유전자가위를 개발한 것이었습니다. 이 두 명의 과학자 덕분에 인류는 과거에 멸종된 종을 복원할 수 있는 가능성을 바라보고, 반대로 현존하는 종을 멸종시킬 수도 있게 됐습니다. 유니콘처럼 판타지 속에 존재하는 동물도 만들 수 있게 됐죠.

사실 생물학의 역사에서는 너무나 위대했던 다윈의 맞수를 찾기 어렵습니다. 그래서 오늘은 다윈의 경쟁자라기보다는 다윈처럼 혁신적인 분기점을 만든 생물학자를 소개해 보겠습니다. 신의 영역이었던 생명의 설계에 도전한 두 사람. 오늘의 두 번째 주인공 제니퍼 다우드나 Jennifer Doudna와 에마뉘엘 샤르팡티에 Emmanuelle Charpentier입니다.

제니퍼 다우드나는 1964년생 미국의 생물·화학자입니다. 지금 캘리포니아대학 버클리 캠퍼스 교수로 왕성하게 활동 중인 현역이죠. 에마뉘엘 샤르팡티에는 1968년생 프랑스의 미생물학자입니다. 지금은 독일 막스플랑크 감염생물학 연구소의 교수로 계시죠.

두 과학자는 2011년에 처음 만났습니다. 서로 같은 연구 목표를 갖고 있다는 걸 알게 돼서 공동연구를 하면 좋겠다고 생각했죠. 당시 샤르팡티에는 스웨덴, 다우드나는 미국에 있던 때라 둘은 대서양을 사이에 두고 영상통화로 공동연구를 진행했습니다.

두 사람이 연구를 같이 하게 된 데는 사연이 또 있습니다. 사실 샤르팡티에는 다우드나를 만나기 전까지 소속이 안정적이지 않았다고 합니다. 25년간 5개국 9개의 연구소를 떠돌며 비정규직 연구원으로 일했거든요. 그래서 크리스퍼를 발견하기 2년 전에는 연구를 그만두고 식당을 차려야겠다고 생각할 만큼 힘든 상황이었습니다. 다우드나를 학회에서 만났을 때도 연구비가 다 떨어진 상태였다고 하죠. 그래서 안정적인 교수직으로 일하던 다우드나에게 도움을 요청하면서 같이 연구하게 됐다고 합니다.

그렇게 두 사람은 만난 지 14개월 만에 새로운 유전자가위를 발견해서 사이언스지에 논문을 실었습니다. 그리고 8년 동안 기술 검증 기간을 거쳐 2020년에 노벨상을 받았죠.

자, 그럼 유전자가위가 뭔지 말씀드리겠습니다. 간혹 "유전자가위는 진짜 우리가 아는 가위처럼 생겨서 자를 수 있는 거예요?"라고 묻는 분들이 계시는데, 아닙니다. 유전자가위는 단백질로 구성된 효소의 일종입니다. 그런데 이 효소가 특정 DNA를 잘라낼 수 있습니다. 그 기능이 마치 가위랑 비슷하니까 '유전자가위'라고 부르는 겁니다.

유전자를 편집할 수 있는 유전자가위

그럼 유전자가위가 정확히 뭘 자를까요? 학교에서 유전자, DNA에 대해 배운 것을 떠올려 봅시다. 유전자는 DNA가 의미를 가지고 늘어선 배열입니다. 예를 들어 다음과 같은 문장이 있다고 해봅시다.

가나다라과학마바사궤도아자차카

여기서 의미를 가지는 단어는 '궤도'와 '과학' 두 개밖에 없습니다. 글자 하나하나가 DNA라면 '궤도'와 '과학'이 유전자에 해당하는 거예요. 이 문장에서 과학이라는 단어를 '궤학'이나 '기학'으로 바꾸면 뜻이 달라지거나 의미가 사라지죠. 그것처럼 어떤 유전자를 구성하는 DNA의 배열이 바뀌면 그 유전자는 기능을 잃거나 오히려 해로워지기도 합니다. 생물체에게 질병이 생기게 될 수도 있죠.

이렇게 문제가 생긴 유전자를 잘라내고 다른 정상적인 유전자를 그 자리에 붙이면 질병을 치료할 수 있습니다. 그래서 유전자가위는 문제가 되는 특정한 염기배열을 식별하고 해당 유전자 부위를 잘라냅니다. 쉽게 말하면, 어떤 블록의 조합이 있는데 그중 특정 블록을 찾아서 원하는 블록으로 교체하는 거라고 생각하면 됩니다.

그런데 이 유전자가위는 사실 제니퍼 다우드나와 에마뉘엘 샤르팡티에가 처음 만든 건 아닙니다. 이들이 만든 건 무려 3세대 유전자가위입니다. 즉 1, 2세대 유전자가위가 있었다는 뜻인데, 벌써 복잡해 보인다고요? 걱정하지 마세요. 하나씩 설명해 드리겠습니다.

먼저 1세대 유전자가위 '징크 핑거 뉴클리아제$_{ZFN}$'는 1996년에 개발됐는데요. 아프리카 발톱개구리의 효소를 변형시켜서 만든 유전자 가위인데, 징크 즉 아연 성분이 포함되었고 분자 구조가 손가락 모양을 닮아서 이런 이름이 붙었습니다. 하지만 원치 않는 곳을 잘라내는 경우가 종종 있었고, 하나만으로는 기능이 떨어져서 여러 개를 이어 붙여야 했습니다. 그만큼 만들기도 어렵고 가격도 비쌌죠.

그래서 그다음으로 2009년에 2세대 유전자가위 '탈렌$_{TALEN}$'이 등장했습니다. 식물에서 추출한 탈렌 단백질을 기초로 만들어진 건데요. 1세대와 달리 이어 붙일 필요가 없어서 1세대보다는 나았지만 덩치가 커서 공간이 좁은 유전자 사이에 끼어들기가 어려웠고, 여전히 만들기 어렵고 비쌌습니다. 그래서 2012년에 3세대 유전자가위 크리스퍼-캐스9이 등장했습니다. 기존 유전자가위의 아쉬운 점을 모두 제거한, 그야말로 완벽에 가까운 유전자가위입니다. '크리스퍼'는 박테리아 미생물이 갖고 있는 면역 체계로, 이 원리를 활용해서 유전자 가위를 만들었습니다.

박테리아는 자신의 세포 안으로 들어온 바이러스의 유전자를 인식해서 효소로 잘라 바이러스를 무력화시킴으로써 면역 작용을 합니다. 박테리아가 갖고 있는 크리스퍼 유전자가 바이러스의 유전자만 정확히 인식하기 때문에 가능한 거죠. 3세대 유전자가위는 이 원리를 이용해서 우리가 바꾸고 싶은 타깃 유전자만 인식하도록 했습니다.

타깃을 찾았다면 이제 제대로 잘라야겠죠. 이게 바로 크리스퍼 캐스나인에서 뒤에 있는 '캐스9'입니다. 캐스9은 단백질 효소로, DNA를 자릅니다. 즉 크리스퍼-캐스9은 찾는 부분과 자르는 부분, 두 개가 세트입니다.

그런데 왜 1세대, 2세대 유전자가위는 노벨상을 받지 못하고 3세대만 노벨상을 받았을까요? 물론 노벨상 수상이 과학적 업적을 평가할 수 있는 유일한 기준은 아니지만 그만한 이유가 있습니다.

우선 3세대 유전자가위가 1, 2세대에 비해서 정확성이 굉장히 높았습니다. 1, 2세대는 목표 지점이 아니라 다른 지점을 자를 가능성이 높았습니다. 그런데 3세대는 오류가 발생할 가능성이 무려 4조 4천만 분의 1밖에 안 됩니다. 즉 잘못 자를 가능성이 거의 없다는 거죠. 거기다가 3세대 가위는 시간과 비용도 획기적으로 낮췄습니다. 1세대 유전자가위로 유전자 편집을 하려면 최소 약 5천 달러의 비용이 들었는데, 1달러 당 1400원으로 계산하면 700만 원 정도 드는 겁니다. 그런데 3세대는 똑같은 일을 하는 데 30달러, 즉 4만 원밖에 들지 않았습니다.

그리고 1세대 유전자가위로 특정 유전자를 제거한 생쥐를 만드는 데 최소 1년 정도 걸렸다면, 3세대는 2개월 안에 가능했습니다. 이렇게 유전자를 편집하는 데 드는 비용과 시간과 노력을 획기적으로 줄여줬기 때문에 3세대 유전자가위가 노벨상을 받을 수 있었습니다.

유전자가위의 미래

그럼 3세대 유전자가위가 세상에 나오면서 무엇을 할 수 있게 됐을까요? 우선 이론적으로 맞춤형 아기를 만들 수 있게 됐습니다. 아기가 태어나기 전에 배아 상태에서 유전자를 편집해서 원하는 유전자를 가진 인간을 만들 수 있게 된 거예요. 처음 설계도가 있을 때 이를 수정하면 그 설계도가 복제되면서 온몸이 그 설계도대로 만들어지겠죠. 즉 배아 상태에서 수정하면 완전히 다른 형태의 인간이 탄생할 수 있는 겁니다.

그러면 똑똑하고 병에도 걸리지 않는 등 각종 유전적인 장점을 가진 아이를 만들 수 있으니까 좋은 게 아닐까요? 사실 긍정적으로만 볼 수 있는 문제는 아닙니다. 〈가타카〉라는 영화를 보면 빈부 격차로 인해 유전자 격차가 생기는 걸 알 수 있습니다. 영화에서 유전자 편집으로 태어난 아이들은 병에 걸리지 않고 체격도 좋아서 좋은 직장에 입사했죠. 반면 유전자를 편집하지 않은 채 태어난 아이들은 시력도 안 좋고 체력도 약해서 허드렛일을 하게 됐습니다. 유전자 때문에 차별받는 세상이 된 거죠.

이 문제가 아니더라도 우선 유전자가위로 맞춤형 아기를 만드는 건 여러 가지 윤리적인 문제에 부딪히기 때문에 전 세계적으로 허용되지 않습니다.

그런데 2018년에 한 과학자가 유전자 편집 아기를 만들어냈습니다. 중국의 허젠쿠이 교수였는데요. 남편이 에이즈에 걸린 부부가 있었는데, 부부 사이에서 태어날 아이가 에이즈에 걸리지 않도록 유전자를 교정했습니다. 실제로 나나와 루루라는 쌍둥이 아이가 태어났어요. 유전자 편집을 몰래 해도 문제인데, 허젠쿠이는 대대적으로 발표까지 했습니다. 허젠쿠이는 생명윤리를 위반했다는 비난을 전 세계적으로 받았고, 중국 정부도 불법 의료 행위로 징역 3년에 약 6억 원의 벌금을 선고했습니다. 2022년에 출소했는데 그 후 연구가 불투명한 상태죠.

이러한 금단의 영역 말고도 실제로 활용 가능한 영역도 많습니다. 우선 동물의 장기를 인간에게 이식할 수 있게 됐습니다. 한국만 해도 장기이식을 기다리다가 사망하는 사람이 하루에 8명이나 되거든요. 만약 동물의 장기도 이식할 수 있다면 이식할 장기가 부족한 문제를 해결할 수 있게 되겠죠. 동물 중에서는 특히 돼지의 장기가 인간과 크기가 비슷해서 연구를 많이 해 왔는데요. 문제는 돼지의 장기를 인체 이식했을 때 거부 반응이 심하다는 거였습니다. 거부 반응은 각 세포 표면에 달린 항원 단백질 때문에 일어나는데요. 유전자가위 덕분에 돼지의 DNA 속에서 이 항원 단백질을 만드는 유전자를 잘라서 제거할 수 있게 된 겁니다.

쉽게 말해서 우리 몸에 다른 누군가가 들어오면 적인지 아닌지 가슴팍에 달린 명찰을 보고 판단하는데, 유전자가위로 이 명찰을 잘라내 버리는 거예요. 그럼 적이라는 것을 쉽게 눈치채지 못하니까 자연스럽게 우리 몸 안에 자리 잡을 수 있다는 거죠. 실제로 2021년에 뉴욕대학 랭건병원 연구진이 유전자를 편집한 돼지 콩팥을 사람에게 이식했는데, 정상적으로 몸속에서 작동했지만 나중에 사망했습니다.

유전자가위가 우리 일상에서 활용되는 경우도 있습니다. 여러분, 요즘 디카페인 커피 많이 드시죠? 디카페인 커피콩은 원래 화학적인 방법으로 만듭니다. 주로 커피콩을 물에 담가서 화학 약품으로 카페인을 제거하는 방식인데요. 이렇게 하면 커피의 풍미를 지키기 어렵습니다.

그래서 커피 애호가들은 디카페인 커피를 잘 마시지 않는 경우가 많습니다. 물론 기술의 발달로 일반인은 거의 차이를 못 느낄 정도의 디카페인 커피가 만들어지기도 하지요.

그런데 크리스퍼 유전자가위 덕분에 훨씬 더 일반 커피에 가까운 풍미의 디카페인 커피를 만들 수 있게 됐습니다. 카페인을 만드는 유전자를 제거하는 거죠. 실제로 영국의 한 기업에서 카페인이 없는 콩이 열리는 커피나무 재배에 성공했습니다. 다만 유전자 편집 작물이기 때문에 규제를 받고 있어 아직 시장에 출시되진 않았습니다. 그리고 소비자들도 유전자 편집된 식품에 대한 거부감이 있는 상황이라 출시되려면 시간이 필요할 것 같습니다.

우리는 이제 유전자가위로 하나의 종을 박멸시킬 수 있게 됐는데요. 여러분은 지구상에서 어떤 종을 멸종시키고 싶으신가요? 바퀴벌레를 떠올리는 분들이 많겠지만, 아쉽게도 바퀴벌레는 아직 유전자 편집 성공 확률이 높지 않습니다.

하지만 멸종 확률이 높은 종이 있습니다. 바로 여러분이 싫어하는 모기인데요. 후세대 모기들에게 불임 유전자를 전파하는 방법이 있습니다. 모기의 생식 유전자를 자르는 유전자가위를 만들어서 모기의 유전체 속에 넣는 겁니다. 이 모기들을 야생에 풀면 생식이 가능한 모기가 점점 줄어들겠죠. 그럼 자연스럽게 모기는 멸종의 길에 들어서는 겁니다.

하지만 유전자가 변형된 모기를 야생에 풀어놓는 건 생태계에 문제를 일으킬 수도 있습니다. 그래서 우선 인류에게 가장 많은 피해를 주는 말라리아모기를 대상으로 아프리카 일부 지역에서만 프로젝트를 추진하고 있습니다. 말라리아모기로 전 세계에서 한 해 60만 명이 사망하고 있거든요.

과학자들은 유전자가위로 멸종된 동물을 복원하는 것에도 도전하고 있습니다. 바로 4천 년 전에 멸종된 매머드인데요. 매머드는 긴 털로 뒤덮인 거대한 코끼리로 영하 40도의 추위를 견뎌낼 수 있는 동물입니다.

과학자들은 매머드를 복원하기 위해 매머드의 특징적인 유전자를 유전자가위를 통해 아시아코끼리의 유전자에 집어넣는 방법을 제안했습니다. 현존하는 동물 중 아시아코끼리가 유전적으로 매머드와 가장 가깝기 때문입니다. 2010년대 중반부터 도전 중인데 아직 성공하진 못했습니다.

매머드를 복원하면 기후 변화를 늦추는 데 도움이 될 수 있다고 합니다. 이런 대형 포유류를 북극 지역에 살게 하면 영구 동토층이 녹는 것을 늦출 수 있다는 거죠. 만약 성공한다면 또 하나의 대단한 과학적 진보입니다.

멸종위기종을 보존하는 것보다 이미 멸종한 동물의 자원을 활용하는 게 과연 효율적이냐는 문제, 생태계 교란에 대한 우려 등 여러 관점이 공존하고 있기는 합니다. 그래도 영화처럼 더 먼 미래에는 공룡을 복원하는 것도 꿈꿀 수 있지 않을까 싶네요.

그렇지만 유전자가위의 가장 중요한 역할은 유전병과 난치병을 치료하는 겁니다. 실제로 하버드대 연구팀에서는 크리스퍼-캐스9을 이용해 에이즈를 완치하는 데 성공했어요. 또 유전병 중 적혈구를 낫처럼 구부러뜨리는 병인 낫적혈구병이 있는데, 이 병에 걸리면 말라리아에 대한 저항성을 갖게 되어 질병 유전자가 특정 환경에서는 생존에 유리할 수 있다는 사례를 보여주기도 했습니다.

낫적혈구병은 악성 빈혈로 심각한 건강 문제를 일으키기도 합니다. 아프리카에서는 이 병에 걸리면 20세 이전에 사망하는 경우가 많습니다. 다행히 2023년에 크리스퍼 유전자가위를 장착한 신약이 영국과 미국에서 승인을 받았습니다. 낫 적혈구병을 치료할 수 있는 길이 열린 거죠. 2024년엔 유전자가위로 암을 치료하는 임상 실험도 성공했어요. 3세대 유전자가위가 나온 지 약 10년 만에 꽤 많은 성과를 거뒀죠.

유전자가위는 인위적 진화

하지만 다우드나와 샤르팡티에에게 영광만 있던 건 아닙니다. 이들은 원자폭탄을 개발하고 후회했던 오펜하이머처럼 윤리적인 고민에 빠졌습니다. 환자를 치료하는 걸 기대하고 유전자가위를 만들었는데, 미국에서 DIY 크리스퍼 세트를 온라인으로 저렴하게 살 수 있는 세상이 와 버렸거든요. 일반인도 생물학에 대한 지식이 있다면 미생물이나 식물을 대상으로 유전자를 편집할 수 있게 된 거예요. 그러면 검증된 전문 기관에 소속되지 않은 바이오 해커들이 비도덕적인 목적을 가지고 인간의 유전자를 변형하는 것도 가능해지는 겁니다. 다우드나는 이런 상황을 걱정하며 흡사 프랑켄슈타인 박사라도 된 기분이었다고 말하기도 했죠.

결국 유전자가위 개발에 책임을 느낀 다우드나는 2015년 12월 국제인간유전자편집회의를 소집했습니다. 미국 국립과학원, 중국 과학학술원, 영국 왕립협회가 공동 주관하는 회의였죠. 이 회의에서 유전자가 교정된 아이를 출산하게 하는 행위는 당분간 금지해야 한다는 성명이 발표됐습니다. 물론 중국의 허젠쿠이 교수가 이걸 깼지만, 그 뒤로도 다우드나는 이런 일을 막으려고 적극적으로 활동하고 있습니다.

오늘은 다윈의 진화론에서 유전자가위까지 살펴봤는데요. 원래 진화가 오랜 시간에 걸쳐 자연이 만들어내는 거대한 흐름이었다면, 이제 우리는 인간이 아주 짧은 시간에 진화와 유사한 변화를 만들어낼 수 있는 시대를 맞이했습니다. 자연 선택에 의한 진화를 주장한 다윈 이후로 200년도 지나지 않았는데, 다윈이 알면 깜짝 놀라겠죠. 원래 생명체가 진화하는 데 수백 년 이상 걸렸다면 이젠 실험실에서 몇 세대 만에 진화가 가능해진 거니까요.

그런데 저는 이것이 무조건 좋다고 단정 짓기 이르다고 생각합니다. 진화라는 건 오랜 시간에 걸쳐 생존에 유리한 형태가 살아남은 건데, 인간이 유전자를 마음대로 바꾸는 것이 과연 생존에도 유리할까요? 그리고 이걸 우리가 스스로 판단할 수 있을까요? 답은 아직 모릅니다. 우리는 아직 인위적인 진화의 결과를 보지 못했으니까요.

과연 인류는 이 인위적인 진화를 책임질 수 있을까요? 자연, 그리고 인류가 선택한 두 가지 진화에 대해서 여러분도 한번 생각해 보면 좋겠습니다.

전기의 마법사들

토머스 에디슨
1847.02.11. ~ 1931.10.18.

니콜라 테슬라
1856.07.10. ~ 1943.01.07.

우리나라의 여름은 매년 점점 더워지는 것 같습니다. 여름마다 에어컨을 틀어놓느라 전기 요금이 많이 나올 텐데요. 전기는 이제 우리에게 없으면 안 되는 존재가 됐습니다.

전기가 매일 만들어진다는 걸 아시나요? 전기는 무한대로 존재해서 스위치만 누르면 나오는 시스템이 아니라, 발전소에서 365일 24시간 내내 전기를 만듭니다. 그러면 한국전력공사에서 이 전기를 도매로 사서 유통을 하는 거죠. 전기도 하나의 상품인 겁니다.

하지만 상품이기 이전에 전기는 '과학'입니다. 흐르는 전기를 처음 발견해서 전기 기술 문명의 출발점을 이끈 건 마이클 패러데이라는 과학자입니다. 하지만 오늘은 패러데이가 아닌 다른 두 과학자 이야기를 할 겁니다. 사실 이름만 들으면 뻔하고 식상하다고 생각할 정도로 매우 유명한 분들입니다. 하지만 지금부터 제가 들려드릴 이야기는 여러분이 잘 몰랐던 이야기입니다.

전기의자 발명가 에디슨

1890년 8월 미국에서 인류 최초로 범죄자를 전기의자에 앉혀 감전사시키는 처형이 이루어졌습니다. 교수형, 총살형, 단두대형이 너무 비인간적이어서 도입된 거였는데요. 지금 우리가 보기엔 전기로 처형하는 것도 전혀 인간적이지 않죠.

아무튼 이 전기의자에 최초로 앉은 사람은 사실혼 관계의 여자친구를 도끼로 살해한 윌리엄 케믈러William Kemmler였습니다. 최초의 전기의자 처형이니까 취재진도 오고 목격자들도 꽤 있었는데요. 1,000볼트의 전기를 17초간 흘려보냈는데도 케믈러가 숨을 쉬고 있어서 전압을 2,000볼트로 높였습니다. 결국 윌리엄 케믈러는 엄청난 고통 속에서 사망했죠. 지독한 악취와 눈 뜨고 보기 힘든 광경이 목격자들에게 충격을 주었습니다. 이 전기의자 뒤에는 우리가 영웅으로 알고 있는 한 발명가의 계략이 숨어 있었습니다. 이 전기의자로 경쟁사가 만든 전기가 위험하다는 걸 보여주려고 한 거였죠.

위인전에 항상 빠지지 않고 등장하는 사람, 전기를 만든 발명왕으로 유명한 사람. 오늘의 첫 번째 주인공 토머스 에디슨Thomas Edison입니다.

에디슨을 천재 발명가로만 알고 계신 분들이 많을 텐데요. 심지어 존경하는 과학자가 누구냐고 질문하면 에디슨이라고 하는 학생들도 있어요. 그런데 사실 에디슨은 과학자라기보다 사업가에 가까웠습니다. 그것도 아주 냉혹한 사업가였죠. 미국의 대기업 제너럴일렉트릭의 모태가 된 회사를 설립했고, 사업을 성공시키기 위해 수단과 방법을 가리지 않는 사람이었습니다. 사형용 전기의자에 경쟁사 웨스팅

▲ 에디슨이 키네토스코프로 촬영한 영화

하우스가 만든 전기를 쓰자고 주장한 것도 에디슨이었죠.

할리우드가 탄생한 것도 에디슨의 사업 욕심 때문이었습니다. 에디슨은 최초로 영화 장비를 만들어서 미국의 영화산업을 선도한 사람입니다. 1888년 자신의 조수와 함께 키네토그래프라는 영화 촬영 장치를 최초로 만들었는데, 이 장치로 영화보다는 활동 사진에 가까운 걸 만들 수 있었어요.

또 에디슨은 관람객 혼자서 영화를 들여다보는 키네토스코프라는 장치도 만들었습니다. 이걸로 대박을 터뜨려서 최초의 영화 촬영 스튜디오까지 만들었죠. 그러다 보니 에디슨은 영화 촬영 및 상영 기술에 대한 특허를 가지고 있었습니다. 1908년에는 MPPC라는 회사를 만들어서 이 기술에 대한 특허 수수료를 받았습니다. 문제는 MPPC에서 영화 제작, 배급, 상영을 독점했다는 겁니다. 마피아들까지 연루될 정도로 심각했어요. 결국 에디슨의 횡포를 견디지 못한 영화 제작자들이 에디슨이 있는 미국 동부를 떠나서 멀리 서부로 도망갔는데, 그 도피처가 바로 로스앤젤레스, 지금의 할리우드가 있는 곳입니다. 그렇게 할리우드가 점점 영화 산업의 중심지가 될 수 있었습니다.

발명가인 줄로만 알았던 에디슨이 어쩌다 무자비한 사업가가 됐는지, 그의 인생을 한번 알아보겠습니다.

타고난 사업가 에디슨

1847년 미국에서 태어난 에디슨은 태어날 때부터 머리가 남들보다 컸습니다. 의사가 뇌막염이 아니냐며 의심할 정도였죠. 머리가 커서 공부도 잘했을 것 같지만, 에디슨은 수업에 적응하지 못했습니다. 3개월 만에 초등학교를 중퇴할 수밖에 없었어요. 그래서 홈스쿨링을 받았는데, 마침 어머니가 전직 선생님이었습니다. 부모님은 실험에 관심이 많은 에디슨을 위해서 집 지하에 실험실까지 만들어줬죠.

하지만 집안 형편이 안 좋아지면서 에디슨은 어린 나이에 생업 전선에 뛰어들게 됩니다. 12세에 기차에서 신문을 파는 일을 시작했죠. 왕복 8시간이 걸리는 노선이었는데, 에디슨은 정차하는 역에서 농산물을 팔기도 했습니다. 지역마다 농산물 가격이 다르다는 걸 알고 물가가 저렴한 지역에서 산 농산물을 다른 지역에서 팔았던 거예요. 장사가 잘 되자 자기보다 어린 어린이들을 고용해서 사업을 벌이기 시작했습니다.

15세가 된 에디슨은 신문 제작 사업도 했습니다. 취재부터 인쇄까지 혼자 다 했죠. 이렇게 어릴 때부터 사업가 기질이 남달랐던 에디슨은 이렇게 번 돈으로 가족을 부양하고, 실험 장비를 사서 실험도 했습니다.

그렇게 지내던 어느 날, 기차 역장의 아들이 기차에 치일 뻔했는데, 그걸 에디슨이 보고 아들을 구해줬습니다. 너무 고마웠던 역장님은 에디슨에게 모스부호를 알려주며 전신교환원으로 키웠습니다. 모스 전신은 인류 최초로 실시간 장거리 통신을 할 수 있게 해준 기술이었는데, 전화가 나오기 전까지는 전신이 가장 빠른 통신 수단이었습니다. 뼛속부터 사업가인 에디슨이 관심을 가진 건 당연했습니다. 이때의 경험은 에디슨에게 큰 밑거름이 됐죠.

전문 발명가가 되기로 결심한 에디슨은 22세에 인생 최초의 특허를 냈습니다. 투표 결과가 자동으로 집계되는 자동 투표기를 만든 겁니다. 집계 시간을 획기적으로 줄일 수 있었지만, 당시 의회의 반응은 좋지 않았습니다. 투표 기계가 설치되면 토론 시간이 줄어들어서 소수 의견이 무시될 거라고 걱정했죠. 결국 에디슨의 투표 기계는 상용화에 실패했습니다. 그리고 그 후에 발명한 것들도 계속 실패를 겪었죠.

그러다 에디슨에게 기회가 왔습니다. 자신의 특기였던 전신 기술을 활용한 기계를 만들었는데 대박이 났거든요. 바로 주식 시세를 표시해 주는 '스톡 티커'라는 장치였습니다. 기존에 있던 기계를 개량한 것으로, 뉴욕 증권거래소에서 오는 주식 시세 정보를 문자로 프린트해 주는 기계였습니다. 에디슨은 스톡 티커로 큰 성공을 거뒀습니다. 한화로 약 23억 원 정도 수익을 냈죠.

그런데 이게 끝이 아닙니다. 전신 기술을 활용해서 4중 전신기를 발명한 겁니다. 기존 전신기는 1개의 전선으로 1개의 메시지만 전달할 수 있었는데, 4중 전신기는 1개의 전신으로 4개의 메시지를 전달할 수 있는 기기였습니다. 즉 정보 전달 속도를 4배로 높인 거죠. 에디슨은 이 발명으로 현재 기준 약 250억 원을 벌어들였습니다. 이때가 고작 28세 때였어요. 정규교육이라고는 초등학교 3개월이 전부였던 에디슨이 엄청난 부자가 되다니, 대단하죠.

젊은 나이에 떼돈을 번 에디슨은 과연 이 돈으로 뭘 했을까요? 에디슨은 이 돈을 전부 자신의 공장을 만드는 데 투자했습니다. 뉴저지의 멘로파크라는 작은 마을에 발명에만 전념할 수 있는 연구소를 만든 건데요. 당시 대학에 있는 연구소보다 규모가 크고 시설이 좋았습니다. 나중엔 직원도 60명이 넘었죠. 에디슨이 평생 낸 1,093개의 특허 중 약 600개가 이 연구소에서 나왔습니다.

최초의 녹음기인 축음기도 여기서 탄생했는데요. 지금 우리가 박물관에서 축음기를 보면 음질이 좋지 않은 음악이 흘러나오는 장치처럼 보이는데, 사실 이것 덕분에 음악이 대중화됐다고 볼 수 있습니다. 음반을 대량으로 생산해서 연주자나 가수가 바로 앞에 있지 않아도 어디서든 재생할 수 있었던 거죠. 당시 에디슨은 축음기 말고도 발명품을 몇백 개나 더 만들어서 '멘로파크의 마법사'라고 불렸습니다.

뛰어난 성능의 백열전구를 만들다

에디슨을 진짜 마법사로 만들어 준 건 바로 백열전구였죠. 그때까진 집 밖에선 아크등을 사용했는데 빛이 너무 밝아서 광장같이 넓은 곳에서나 쓸 수 있었어요. 반면 집에서는 가스등을 썼는데, 빛도 어둡고 연기가 나서 오래 쓸 수가 없었습니다. 이 가스등과 아크등의 중간쯤 되는 밝기를 가진 게 백열전구였죠.

에디슨이 전구를 발명했다고 다들 알고 계시죠? 이건 사실이 아닙니다. 그전에도 백열전구는 있었습니다. 문제는 그 전구가 몇 분 버티지 못하고 꺼졌다는 겁니다. 에디슨의 업적은 이 전구를 개량해서 세계 최초로 백열등을 실용화시킨 겁니다. 에디슨은 전구의 필라멘트가 높은 온도에서도 녹지 않도록 일본산 대나무로 만들었고, 불이 꺼지지 않도록 전구 속을 진공 상태에 가깝게 만드는 데 성공했습니다.

그 결과 대략 1,000시간 넘게 켜지는 전구가 만들어졌는데요. 그전까지 전구는 10시간에서 20시간밖에 지속되지 않았는데, 갑자기 100배 이상 오래가는 전구가 만들어진 겁니다. 에디슨이 이 전구를 만들기까지 10,000번이나 실패했다는 이야기가 유명하죠. 명언도 있습니다.

> 나는 실패를 한 것이 아니라 단지 작동하지 않는 10,000가지의 방법을 발견한 것이다.

모든 건 성공으로 가는 의미 있는 과정이라는 뜻입니다. 우리도 마음에 새길 만한 말이죠. 성공하는 방법은 언제나 한 번 더 시도해

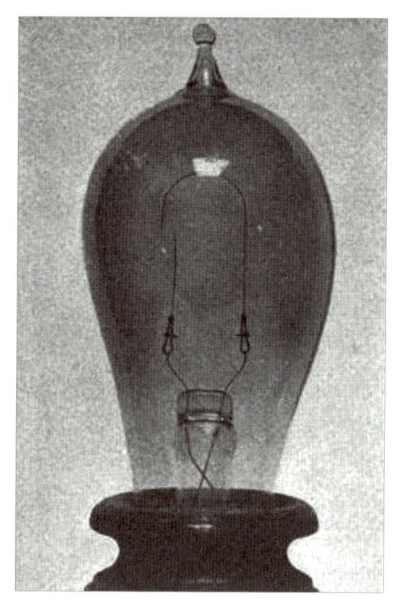

▲ 에디슨이 개량한 백열전구

보는 거라는 게 에디슨의 철학이었습니다. 에디슨은 이걸 성공시키 느라 안면 마비로 쓰러질 만큼 과로했다고 해요. 이렇게 에디슨이 고생한 덕분에 1879년 12월 우리의 밤을 밝히는 새로운 빛이 탄생했습니다.

그런데 에디슨이 과학사에 남긴 더 큰 업적이 있습니다. 바로 전기 시스템을 창조한 건데요. 백열전구를 켜려면 전기가 있어야 하죠? 그런데 그 전기 시스템이 그땐 없었습니다. 작은 전구 1개를 켜려면 전구를 끼울 소켓부터 전기를 공급하는 선로, 전기를 대량 생산하는 거대한 발전기, 전력량을 측정하는 계량기 등의 시스템까지 필요했습니다.

보통 사람들이라면 연구가 어려운 상황에 안타까워하면서 연구를 멈추겠죠. 그런데 에디슨은 이걸 해냅니다. 정말 엄청난 사람이에요. 전기 시스템을 만들기 위해 200개가 넘는 특허를 출원했죠. 이때 만든 각각의 회사들이 병합해 세계적인 대기업 제네럴 일렉트릭의 모태가 됐습니다. 결국 에디슨은 뉴욕에 전기를 공급하는 최초의 중앙 발전소까지 설립했고, 1882년 9월 뉴욕의 밤을 백열전구로 환하게 밝히는 데 성공했습니다.

재미있는 건 이 행사를 보고 감탄한 사람 중 조선에서 온 외교관들이 있었다는 겁니다. 외교관들은 조선에도 백열전구를 설치하자고 추진했습니다. 그래서 1887년 아시아 최초로 경복궁에 백열전구가 설치됐죠. 그리고 에디슨은 뉴욕에 100개가 넘는 발전소를 세우며 전기 산업의 거물이 됐습니다. 발명가에서 사업가로 거듭난 것이죠. 이렇게 되기까지 에디슨은 뉴욕 시의회에 로비도 많이 하고, 전기 홍보 마케팅도 적극적으로 했습니다. 당시 전기를 써보지 않은 사람들이 전기를 무서워했기 때문이에요. 특히 에디슨 회사 직원들은 전구 달린 헬멧을 쓰고 거리를 행진하는 이벤트를 했습니다. 다행히 사고 없이 행사가 잘 끝나서 사람들에게 전기가 안전하다는 인식을 심어 줄 수 있었죠.

그리고 에디슨은 미국의 거대 재벌 J. P. 모건Morgan의 투자를 받아서 뉴욕의 전기 시스템을 거의 독점했는데요. 떼돈 벌 일만 있을 것 같은 이때 예상치 못한 장애물이 생겼습니다. 에디슨의 경쟁사가 등장한 거예요. 그때부터 에디슨은 경쟁사와 거의 10년 동안 전쟁을 치르는데요. 그 경쟁사의 핵심 인재가 에디슨이 아는 사람이었습니다. 일론 머스크의 전기차 회사와 같은 이름을 가진, 바로 니콜라 테슬라Nikola Tesla입니다.

남다른 천재 테슬라

테슬라라는 이름은 전기차 브랜드 이름으로 많이 알고 계시죠? 이 회사명이 전기 공학자이자 과학자인 니콜라 테슬라의 이름을 딴 겁니다. 모든 전기차에 니콜라 테슬라가 만든 기술이 들어가 있어서 그렇게 지었다고 합니다. 일론 머스크가 테슬라를 좋아해서 붙인 이름은 아니었죠. 참고로 일론 머스크는 에디슨을 더 좋아한다고 말했어요. 반전이죠? 에디슨을 더 좋아하는 테슬라의 대표라니, 신기합니다.

그럼 오늘의 두 번째 주인공 니콜라 테슬라에 대해 알아볼 텐데요. 테슬라는 에디슨이 질투했을 정도로 뛰어난 과학자였습니다. 테슬라를 두고 미국, 크로아티아, 세르비아가 서로 "테슬라는 우리나라의 발명왕이다"라고 주장할 정도였습니다. 테슬라는 세르비아인인데 현재 크로아티아가 된 지역에서 태어났고, 나중에 미국으로 이민 갔거든요. 사실 테슬라는 세르비아에는 평생 딱 한 번밖에 가지 않았습니다. 그런데 세르비아에는 테슬라 공항도 있고, 100디나르짜리 화폐에도 테슬라 얼굴이 있을 정도로 칭송받는 과학자입니다. 심지어 자기장의 세기를 나타내는 국제 단위인 T도 테슬라의 이름에서 따온 거예요.

테슬라는 에디슨보다 8살 어렸는데, 으레 천재들이 그렇듯 어릴 때부터 남달랐습니다. 5세 때 발명을 시작했고, 8개 국어를 할 수 있을 정도로 머리가 좋았죠. 그런데 이런 테슬라에게는 한 가지 특별한 능력이 더 있었는데, 바로 환영을 보는 거였습니다. 이미지들이 섬광처럼 번쩍번쩍 떠오르는 거죠. 이것 때문에 고통받은 적도 많았지만, 나중에는 스스로 조절을 할 수 있게 되면서 오히려 발명에 많은 도움을 받았습니다. 자신이 상상하는 기계의 이미지를 선명하게 떠올릴 수 있었던 거죠.

테슬라는 오스트리아에 있는 그라츠 공과대학에 다녔는데, 졸업은 하지 못했습니다. 잠도 거의 자지 않고 공부만 하는 모범생이었는데, 친구들에게 '공부만 하는 애'라는 조롱을 받고 일탈에 빠졌거든요. 원래 모범생이 놀기 시작하면 끝이 없습니다. 늦게 배운 도둑질이 무섭듯이요. 테슬라는 술과 도박에 빠져서 돈을 다 날려버리고 말았습니다. 결국 학비가 부족해서 졸업을 하지 못했죠. 그래도 운 좋게 취업에는 성공했는데요. 바로 파리에 있던 에디슨 전기회사에 취업한 겁니다. 이렇게 에디슨과의 인연이 슬슬 시작된 거죠.

에디슨의 회사에서 일하다

에디슨은 뉴욕 본사에 있었기 때문에 이때 테슬라가 바로 에디슨을 만난 건 아니었어요. 테슬라는 이 회사에서 눈에 띄게 실적이 좋은 신입 사원이었습니다. 그런데 뜻밖의 일이 벌어졌습니다. 에디슨 회사는 독일의 한 철도역에 조명을 설치 중이었습니다. 그런데 이 조명에 문제가 생겨서 철도역 벽이 불에 타버린 거죠. 그래서 독일이 에디슨의 회사를 아주 못마땅하게 여겼습니다.

그런데 이곳에 테슬라가 파견을 가서 시스템을 싹 개선해서 문제를 해결했습니다. 신입 사원인데 실력이 너무 뛰어난 테슬라였으니 보너스가 나오는 게 정상일 텐데요. 테슬라도 내심 기대했지만, 보너

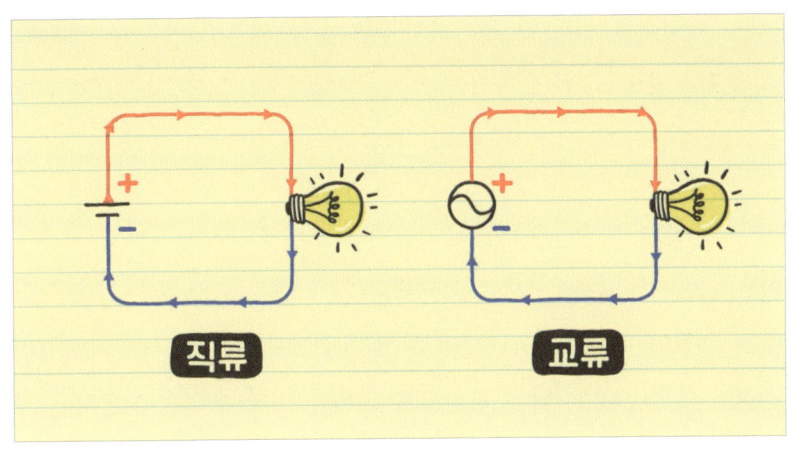

▲ 직류와 교류

스는 나오지 않았습니다. 대신 회사의 책임자가 본사에 있는 에디슨에게 추천서를 써줬습니다. 내용이 기가 막힙니다.

> 나는 두 사람의 위인을 알고 있습니다.
> 그중 한 사람은 에디슨입니다.
> 그리고 다른 사람은 바로 이 젊은이입니다.

테슬라를 안 뽑을 수가 없는 추천사죠. 그렇게 테슬라는 에디슨이 있는 뉴욕 본사로 가게 됩니다. 이때 테슬라의 나이 28세였습니다. 에디슨과 테슬라의 만남, 대단한 일이 벌어졌을 것 같지만 의외로 그렇지 않았습니다. 에디슨은 사장인 반면, 테슬라는 신입 사원이었거든요. 사실 둘은 전기 시스템에 대한 생각도 달랐습니다.

직류와 교류, 들어본 적 있죠? 직류는 +극에서 −극으로, 한 방향으로 전류가 흐르는 겁니다. 반면 교류는 그 방향이 계속 바뀌는 겁니다. 건전지를 끼울 때 +, – 방향을 잘못 끼우면 작동하지 않죠? 그게 직류예요. 그런데 우리가 쓰는 콘센트는 +, –에 상관없이 그냥 꽂으면 작동하죠. 이것이 교류입니다.

에디슨은 직류파, 테슬라는 교류파였습니다. 에디슨 회사의 전력 시스템도 직류였죠. 직류는 전류의 흐름을 예측할 수 있고 안정적이라는 장점이 있습니다. 그런데 장거리 전송에 취약하다는 치명적인 단점이 있었습니다. 낮은 전압으로 전력을 멀리 보내면 손실되는 전력이 컸습니다. 즉 뉴욕 전체에 전기를 공급하려면 사방에 발전기를 설치해야 했죠.

테슬라는 이런 직류 시스템의 한계를 잘 알고 있었습니다. 그래서 직류를 교류 시스템으로 바꾸자고 에디슨에게 제안했습니다. 교류는 변압이 쉽기 때문에 높은 전압으로 장거리까지 전기를 보내고 집에 도착하기 전에 전압을 낮춰서 사용하면 됐거든요. 요즘 대부분의 전력망은 교류 기반입니다. 테슬라는 교류를 통해 합리적인 제안을 했지만, 에디슨은 이를 받아들이지 않았습니다. 이미 직류에 익숙하기도 했고, 전압을 쉽게 높일 수 있는 교류가 위험하다고 생각했죠. 또 이미 발전소와 설비에 투자해 놓은 게 너무 많았어요. 그래서 직류를 고집했습니다. 그리고 테슬라에게 직류 발전기의 성능을 개선하는 일을 시켰죠.

테슬라 입장에선 자기 말은 안 들어주고 또 다른 일을 시키다니, 화가 나지 않았을까요? 하지만 테슬라는 열심히 일에 매진했습니다. 성공하면 에디슨이 인센티브로 약 15억을 주겠다고 제안했기 때문이죠. 테슬라는 밤낮을 매달려서 발전기를 훨씬 효율적으로 만드는 데 성공했습니다.

그런데 열받는 일이 생기고 맙니다. 회사가 테슬라에게 약속했던 인센티브를 주지 않은 겁니다. 거기다 회사에서 이렇게 말하기까지 했죠.

"하하, 테슬라 씨는 미국식 유머를 이해하지 못하는군요. 그건 농담이었습니다."

에디슨이 직접 한 말로 알려져 있는데, 확실하진 않습니다. 테슬라 자서전에는 회사의 다른 직원이 한 말이라고 적혀 있거든요.

어쨌든 분명한 건 준다고 했던 돈을 주지 않은 상황이니 테슬라는 속이 상할 수밖에 없었습니다. 하지만 테슬라는 일단 한 번은 참았습니다.

그런데 테슬라가 열받는 일이 또 생겼습니다. 아까 에디슨이 백열전구를 개량하기 전에 가정에선 가스등을 쓰고 거리에서 아크등을 썼다고 했죠. 에디슨은 아크등 사업에도 진출하려고 했는데, 테슬라가 그 사업에 투입됐습니다. 테슬라는 다시 일을 열심히 했는네, 사실상 거의 혼자 모든 일을 다 하고 아크등 특허까지 출원하며 에디슨을 도왔죠.

그런데 에디슨이 계산기를 두드려 보니 아크등 사업은 손해라고 판단했습니다. 그래서 사업에서 손을 떼고 다른 기업에 넘겨버렸죠. 결국 테슬라가 힘들게 만든 아크등은 사용되지도 못했어요. 테슬라가 화가 날 만하죠?

결국 자존심에 상처를 입은 테슬라는 뉴욕 본사에 들어온 지 반년 만에 퇴사했습니다. 투자자들은 회사를 나온 테슬라에게 아크등을 한

번 개발해 보라고 투자했습니다. 그런데 테슬라는 여기서도 뒤통수를 맞고 말았습니다. 아크등 사업이 아무래도 가망이 없다고 판단한 투자자들이 테슬라를 버렸거든요. 결국 거기서도 돈 한 푼 챙겨 나오지 못한 테슬라는 생활고에 빠지게 됩니다. 그래서 전기기사, 조명 수리, 케이블 작업 등 온갖 다양한 일을 하면서 생계를 유지했어요.

테슬라에게 찾아온 기회

위기를 맞은 테슬라. 하지만 전화위복이라는 말처럼 위기는 기회가 되는 법입니다. 테슬라는 일을 하던 중 알게 된 사람들에게 동업자들을 소개받았고, 이들과 손을 잡아 테슬라 전기회사를 설립할 수 있었죠. 여기서 테슬라는 교류 시스템에 필요한 거의 모든 부품들을 개발했습니다. 교류 발전, 송전 변압 등 1887년에 무려 7개의 특허를 출원했는데요. 가장 중요한 건 새로운 교류모터를 발명한 겁니다. 현재 대부분의 전기모터가 이 교류모터를 사용하고 있죠.

그러던 중 테슬라에게도 일생일대의 기회가 찾아왔습니다. 조지 웨스팅하우스George Westinghouse라는 미국 웨스팅하우스 일렉트릭사 창업주가 테슬라의 발명 소식을 들은 거예요. 웨스팅하우스는 전기사업에서 에디슨보다 후발 주자였습니다. 직류로는 에디슨에게 밀릴 것 같으니 교류를 주력으로 사업을 추진하려고 했는데요. 그래서 테슬라의 특허권을 거액을 주고 사겠다고 제안했습니다. 로열티만 약 40억 되는 계약이었어요. 테슬라가 거절할 이유가 없었죠. 이렇게 두 사람이 손을 잡고 교류 전기 보급에 나섰습니다. 드디어 본격적으로 전 직장 상사인 에디슨과의 경쟁이 시작된 거예요.

웨스팅하우스는 우선 시골 지역의 교류 발전기를 집중적으로 설치했습니다. 에디슨의 직류 시스템은 시골까지 도달하기 힘들었거든요. 이렇게 웨스팅하우스의 사업이 상승세를 보이자 에디슨도 경쟁사가 슬슬 신경 쓰이기 시작했습니다. 여전히 교류 시스템을 무시했지만 웨스팅하우스가 가진 자본은 무시할 수 없었거든요. 아니나 다를까 웨스팅하우스는 1년 만에 에디슨 발전소의 반 이상이나 되는 발전소를 갖게 됩니다.

웨스팅하우스는 에디슨과 다르게 '좋은 사업가'였습니다. 노동자들의 근무 환경에 신경을 많이 썼고, 다른 회사보다 최저 임금도 높게 줬습니다. 반면 에디슨은 매우 목표지향적이고 전투적이라 웨스팅하우스와 대비됐습니다. 에디슨은 웨스팅하우스를 눌러버리기로 결정했죠.

에디슨 VS 테슬라

이렇게 에디슨과 웨스팅하우스 간의 전쟁이 시작됐습니다. 직류와 교류의 전쟁, 바로 '전류 전쟁'입니다. 에디슨은 여기서 치사한 작전을 썼는데, 교류 시스템은 전압을 너무 높이 올릴 수 있어서 생명에 위험하다는 캠페인을 펼친 겁니다. 교류를 사용하면 마치 번개를 맞은 것처럼 감전사할 수 있다는 인식을 언론을 통해 전파했어요. 사실

감전에 대한 위험은 교류와 직류 모두 마찬가지입니다. 즉 에디슨은 가짜 뉴스를 퍼뜨린 거예요.

더 기가 막힌 건 교류의 위험성을 홍보하기 위해 동물들을 이용했다는 겁니다. 수많은 관중 앞에서 코끼리 한 마리를 6,600볼트의 전기로 감전시킨 거예요. 에디슨은 이 과정을 자신이 만든 기기로 촬영까지 했습니다.

여기서 끝이 아닙니다. 처음에 말씀드렸던 것처럼 에디슨은 사형집행에 전기의자가 도입될 수 있도록 영향력을 행사했습니다. 에디슨은 전기의자 개발 자문을 맡았는데, 여기에 교류 전기를 쓰기로 추진했죠. 그래야 교류의 끔찍함을 홍보할 수 있으니까요. 결국 1890년에 이 전기의자로 사형이 집행됐습니다.

이렇게 에디슨은 살아있는 생명보다 자신의 직류 왕국을 지키는 게 먼저였던 사람이었습니다. 사람이라면 누구나 밝은 면과 어두운 면을 가지고 있긴 한데, 위인전에 단골로 나오는 인물 치고는 좀 너무했다 싶긴 하죠.

하지만 웨스팅하우스와 테슬라도 그냥 당하고만 있지 않았습니다. 에디슨의 공격에 반격을 했죠. 테슬라는 자신의 몸으로 실험을 했는데, 멋진 옷을 입고 연단에 서서 자기 몸에 전기를 흘려보내는가 하면, 웨스팅하우스는 테슬라가 몇백만 볼트의 전기 불꽃 아래 앉아서 책을 읽고 있는 사진을 공개했습니다. 대중들에게 교류가 위험하지 않다는 인식을 심어주기 위한 전략이었죠.

에디슨과 테슬라가 크게 한판 붙는 사건이 또 있었는데요. 1893년 미국 시카고에서 열린 만국박람회에서 벌어진 일입니다. 무려 47개국 2,800만 명이 참여하는 어마어마한 행사였죠. 이 박람회에서는 전구 20만 개를 동시에 켜서 밤을 낮처럼 밝히는 이벤트가 중요했습니다. 그러기 위해 전기 공사를 맡을 업체가 필요했죠. 에디슨과 테슬라는 전기 사업권을 따내는 입찰에 참여했습니다. 어떤 업체가 더 나은지 보여줄 수 있는 절호의 기회였거든요.

사업 입찰에서는 자금이 매우 중요합니다. 여기서 문제가 발생했는데, 만국박람회 직전에 웨스팅하우스 회사가 부도 위기에 처한 겁니다. 이대로라면 박람회도 물 건너가는 상황인 거죠. 그런데 이때 테슬라가 나섰습니다. 자신의 로열티를 포기했다고 한 거예요. 쉽지 않은 결정이었겠지만, 테슬라는 일단 회사를 살려야 교류가 전 세계에 보급될 수 있을 거라고 생각해서 자신을 희생하는 결심을 한 겁니다.

결국 웨스팅하우스가 에디슨 회사보다 더 낮은 가격을 제시했고, 전기 사업권을 따낼 수 있었습니다. 테슬라의 결단도 한몫했지만, 교류 시스템이 대용량의 전기를 만들고 보내는 데 더 효율적이라는 특징도 중요했습니다.

드디어 대망의 만국박람회 개막 날, 미국의 대통령이 스위치를 눌렀습니다. 그러자 20만 개의 전등에 불이 한번에 켜졌죠. 그걸 본 전 세계인은 감동받을 수밖에 없었습니다. 결국 이 박람회를 계기로 교류가 안전하고 효율적이라는 인식이 널리 퍼질 수 있었습니다.

하지만 에디슨은 이대로 끝낼 사람이 아니었습니다. 이 무렵에 많은 과학자들이 나이아가라폭포의 엄청난 수력을 전기 에너지로 바꾸려는 생각을 하고 있었는데요. 나이아가라 수력발전소 프로젝트를 따내려고 에디슨과 웨스팅하우스가 또 대결을 펼쳤습니다. 그런데 시카고 만국박람회 때 워낙 임팩트가 강했던 나머지 테슬라와 웨스팅하우스가 발주를 받게 됐습니다. 이렇게 나이아가라 수력발전소에 교류 시스템이 채택되면서 교류는 10년에 걸친 전류 전쟁에서 최종 승자가 됩니다. 전 세계에 송전탑이 세워졌고, 교류가 전력 산업의 표준이 되는 시대를 맞이했죠.

사실 테슬라는 5세 때부터 나이아가라 폭포에서 에너지를 얻고 싶다는 꿈을 꿨다고 해요. 그 꿈이 37세에 자기 손으로 이루어진 거예요. 어릴 적 꿈을 이룬 테슬라가 얼마나 감동받았을까요?

한편 에디슨은 미래의 전기 시장에서 밀려났고, 자신이 설립한 제네럴 일렉트릭의 경영권까지 빼앗기게 됩니다.

그런데 이미 세상을 떠난 에디슨과 테슬라는 모르겠지만, 오늘날에도 전류 전쟁은 계속되고 있습니다. 최근 다시 직류가 각광받고 있거든요. 우리 생활에 없어서는 안 되는 배터리는 직류를 이용하죠. 태양광 패널의 반도체 칩도, 전기차 배터리도 직류를 이용한 기술입니다. 특이한 건 전기차의 배터리는 직류인데, 모터는 테슬라의 교류를 활용한다는 겁니다. 에너지 효율이 좋고, 전기의 세기가 급격하게 세지지 않으며 부드럽고 천천히 조절할 수 있다는 장점 때문에 모터에 교류를 쓰는 겁니다. 전기차가 본의 아니게 치열하게 대립했던 2명의 과학자 에디슨과 테슬라의 합작품이 된 거죠.

그래서 이제는 교류가 승자냐, 직류가 승자냐 하는 판단은 하지 않습니다. 교류, 직류 둘 다 우리가 필요한 상황에 맞춰 쓸 수 있는 좋은 수단인 거죠.

▲ 테슬라 코일이 있는 실험실에 앉아있는 테슬라

여기서 잠깐 퀴즈를 내보겠습니다. 포켓몬에 나오는 피카츄가 방출하는 전기의 전압은 100만 볼트로, 초고압입니다. 피카츄의 전기는 직류일까요, 교류일까요? 과학적 상상력을 더해 보자면 아마 직류가 아닐까 추측해 봅니다. 왜냐하면 전기뱀장어, 전기가오리 같은 동물들이 방출하는 전기가 직류거든요. 피카츄도 전기를 몸에 저장했다가 필요할 때 쏘니 축전지처럼 직류에 가깝죠. 100만 볼트 전기를 쏠 때도 일정한 방향으로 방전하는 느낌이 있고요. 만약 피카츄의 전기가 교류라면 전류의 방향이 빠르게 바뀌는 과정에서 피카츄의 공격이 상당히 불안정한 충격을 줄 수도 있겠네요.

자, 그럼 나이아가라 수력발전소 프로젝트 이후에 테슬라는 어떻게 지냈을까요? 돈을 좀 벌었을까요? 테슬라는 그 후 시대를 앞서가는 기술들을 연구했습니다. 큰 발전소를 지어서 무선으로 전 세계에 전기를 공급하겠다는 꿈을 꾼 거예요. 전 세계에 전기를 공급한다니, 어떻게 하는 걸까요?

답은 테슬라코일에 있었습니다. 테슬라는 1891년 테슬라코일을 발명했는데요. 테슬라코일은 전기의 전압을 조절하는 장치입니다. 간단한 장치로 수십만 볼트까지 전압을 높일 수 있어요. 코일 근처에 전구나 형광등을 갖다 대면 불이 들어옵니다. 코일에서 고주파 전류가 발생하기 때문에 직접 연결을 안 해도 전기가 통했습니다. 테슬라는 바로 이 고주파 전류를 가지고 무선 에너지 전송을 할 수 있다고 생각했습니다.

그래서 테슬라는 이 코일을 직접 손으로 만져서 스파크를 일으키는 실험도 했는데요. 굉장히 위험할 것 같지만 감전되지 않았습니다. 전압이 아무리 높아도 전류가 매우 작다면 감전되지 않거든요. 우리가 겨울철에 스웨터를 벗을 때 느끼는 정전기가 따끔하긴 하지만 신체에 크게 문제가 없는 것과 비슷한 현상입니다. 특히 고주파 전류는 직접 만져도 몸속 깊이 침투하지 않고 피부 표면에 따라 흐르는 경향이 있죠. 테슬라코일에서 전기 불꽃까지 일어난다면 공기 중에서 빛과 열로 방전되면서 손에 닿을 때는 이미 전기 에너지를 많이 잃은 상태이기도 하고요. 그래서 비교적 안전하다고 볼 수 있는 거죠. 당시 테슬라의 실험은 신문에 실리며 엄청난 화제가 됐습니다. '빛의 마술사'라는 별명도 생겼죠.

테슬라는 높이 40미터의 거대한 스파크, 즉 인공 번개를 만드는 데도 성공했습니다. 아까 테슬라에게는 전 세계에 전기를 무선으로 전송하겠다는 원대한 꿈이 있었다고 말씀드렸죠. 충전기를 꽂지 않아도 세상의 전자기기가 충전이 되는 세상을 꿈꾼 겁니다. 이를 위해서는 매우 거대한 송전탑이 있어야 했는데요. 그래서 테슬라는 워든클리프 타워라는 큰 송전탑을 지으려고 했어요.

하지만 이 꿈은 실현되지 못했습니다. 엄청난 돈이 드는 프로젝트인데 테슬라는 전기를 무상으로 공급하려고 했거든요. 투자자 입장에서는 돈 안 되는 봉사활동이나 다름없었죠. 그래서 투자자들은 후원을 끊어버렸습니다. 결국 워든클리프는 완공되지 못하고 철거되고 말았습니다.

그런데 2010년대에 워든클리프 타워를 복원하자는 움직임이 생겼고 지금은 이곳을 테슬라 과학 센터로 만드는 작업이 진행되고 있습니다. 비록 테슬라의 꿈이 생전에 이루어지지 않았지만 테슬라 코일은 나중에 과학자들이 라디오나 텔레비전을 만드는 데 기여했습니다.

테슬라는 미래를 내다보는 눈이 있었는데, 이런 말을 남기기도 했어요.

> 시계보다 크지 않은 값싼 수신기를 통해 지상이나 해상을 불문하고 어디서나 연설에 귀를 기울이고, 아무리 멀리 떨어진 곳에서 연주되는 음악이라도 들을 수 있게 될 것이다.

고작 1904년에 이미 휴대전화 같은 기기를 생각하고 있었던 거예요. 테슬라는 무인 비행기의 등장도 예측했는데, 이것이 지금의 드론입니다. 그리고 전자기파로 잠수함을 탐지하는 생각도 했는데, 이 역시 후대의 레이더 기술로 탄생합니다. 그리고 테슬라가 간절히 꿈꿨던 무선 전력 전송도 MIT 연구팀에 의해서 2007년에 실현됐죠.

상반된 두 과학자의 말년

시대를 앞서간 테슬라의 말년은 어땠을까요? 안타깝게도 워든클리프 송전탑 완공 실패 이후에 후원이 끊겨서 빚에 시달렸습니다. 거기다 1895년에 테슬라의 실험실이 불타면서 연구하던 자료들이 사라지는 사건도 있었습니다. 비싼 실험 장비들도 모두 타버리는 바람에 거의 파산 상태가 됐습니다.

테슬라는 무선 전신 기술을 가지고 이탈리아의 전기공학자인 굴리엘모 마르코니Gulielmo Marconi와 몇십 년간 특허 분쟁을 벌이기도 했는데요. 나중에야 대법원이 테슬라에게 특허권이 있는 걸로 인정해 주었지만, 그땐 이미 테슬라가 사망한 뒤였습니다. 평생 독신으로 살면서 자택 없이 호텔에서 장기간 머무르며 거주하던 테슬라는 1943년 86세의 나이에 심정지로 사망했습니다. 안타깝게도 사망한 지 3일 만에 객실 청소부에게 발견됐어요. 인류에게 많은 선물을 한 과학자는 이렇게 쓸쓸하게 죽음을 맞이했습니다.

한편 에디슨은 테슬라에게 밀린 후 어떻게 됐을까요? 아까 에디슨이 영화 산업을 독점해서 본의 아니게 할리우드가 만들어지는 데 기여했다고 말씀드렸는데요. 에디슨이 영화 사업에 진출한 게 교류에 패배한 이유였습니다. 12분짜리 무성 영화 〈대열차강도〉를 제작해서 히트를 친 것도 이때죠.

하지만 에디슨이 가장 정성을 쏟은 발명품은 따로 있었는데, 바로 전기차였습니다. 그 시대에도 이미 전기차가 존재했어요. 무려 1881년 파리에서 최초의 전기차가 나왔습니다. 전기차가 내연기관 차보다 먼저 등장했죠. 1900년도에는 미국 자동차의 3분의 1이 전기차로, 3만 대가 넘었다고 합니다. 전기차는 최근에 등장한 줄 알았는데, 놀랍죠?

에디슨도 전기차 개발에 진심이었습니다. 당시 전기차에 쓰이던 것보다 더 좋은 성능을 가진 이차전지를 개발했습니다. 이 전지로는 100킬로미터를 한 번에 달릴 수 있었죠. 그리고 1910년에 이 배터리를 이용한 전기차를 출시할 계획을 세웠습니다.

에디슨의 전기차는 성공했을까요? 아쉽게도 성공하지 못했습니다. 1914년 에디슨은 헨리 포드Henry Ford와 손잡고 전기차를 개발하겠다고 약속했는데요. 문제는 그 해에 제1차 세계대전이 터진 겁니다. 전쟁에서는 내연 기관차가 전기차보다 유리합니다. 수리와 충전 면에서 여러모로 내연 기관차가 효율적이거든요. 이건 지금도 마찬가지입니다. 그래서 그 시대에 내연 기관차가 전기차를 몰아내고 대세가 됐습니다. 그렇게 에디슨의 전기차도 실패로 끝나고 말았죠.

그래도 에디슨은 평생 실패보다 성공을 더 많이 했고 궁핍함 없이 살았습니다. 특허만 1,093개나 남겼죠. 당뇨 합병증으로 84세에 세상을 떠났지만 테슬라의 마지막과는 달리 초라하지 않았습니다. 400명의 지인과 일반 시민들, 후버 대통령과 영부인까지 에디슨이 가는 길을 배웅했어요. 후버 대통령은 에디슨에게 조의를 표하기 위해 그 날 밤 10시에 전국의 모든 전등을 잠시 소등하도록 했습니다. 장엄한 장례식이었죠.

그럴 만한 게, 에디슨은 수완이 좋고 정치적 감각이 뛰어난 사업가였습니다. 미국의 산업화를 이끈 상징적인 인물이었기 때문에 정부에서도 에디슨을 국가의 자산처럼 여겼어요. 말 그대로 미국의 '전기왕'이었습니다. 반면 테슬라는 그냥 천생 학자 스타일이었습니다. 사업 감각도 없었고, 특허도 팔거나 무상 공개하는가 하면, 분쟁에 휘말리곤 했으니까요. 그러니 돈도 모이지 않았습니다. 인류애는 크지만 사회성은 떨어지는 괴짜 천재 같은 느낌으로 쓸쓸하게 세상을 떠났다가, 최근 들어서야 혁신의 아이콘으로 재조명된 겁니다.

무엇을 위해 과학을 하나요?

직류로 가장 먼저 전기의 시대를 열었던 에디슨과 교류로 현대의 전력 시스템을 만든 테슬라. 두 사람을 단순하게 평가하자면 이렇게 구분할 수 있지만, 저는 두 사람의 진짜 차이점이 다른 데 있다고 생각합니다. 바로 '누구를 위한 발명을 했느냐'는 건데요. 에디슨은 자신의 사업에서 성공을 추구했고, 테슬라는 전기를 인류에게 나누어 주려고 했던 사람이었습니다.

물론 에디슨이 잘못된 건 아닙니다. 사업가로서 최적화된 성향을 가진 사람이었을 뿐이죠. 일반적으로 사람이라면 에디슨같이 사업적으로 성공하길 바라잖아요. 그런 점에서 오히려 테슬라가 좀 특이했을지도 모릅니다. 그래서 저는 테슬라는 정말로 과학자였다고 생각합니다. 저에게 과학이란 누군가 알게 된 사실을 바탕으로 더 많은 사람들에게 도움을 주고 인류에게 이바지하기 위한 학문이라고 생각하거든요.

    여러분은 어떤가요? 우리는 무엇을 위해 과학을 하는 걸까요? 한번 생각해 보는 시간이 되었길 바랍니다.

미래에서 온 과학자들

앨런 튜링
1912.06.23. ~ 1954.06.07.

존 폰 노이만
1903.12.28. ~ 1957.02.08.

우리는 모두 숨 쉬듯이 과학 속에 살고 있습니다. 일어나자마자 휴대전화를 켜서 메신저를 확인하는 것도, 설거지하는 것도, 대중교통을 타는 것도 과학이니까요. 하지만 이 모든 걸 가능하게 한 사람들에 대해선 거의 생각해 본 적이 없을 겁니다. 우리가 하루에 가장 많이 사용하는 전자기기 중 하나인 컴퓨터를 만든 과학자가 누구인지 아시나요? 8강에서는 21세기를 이야기할 때 빠질 수 없는 것, 바로 컴퓨터에 대한 이야기를 해보겠습니다.

법정에 선 전쟁 영웅

1952년 1월, 영국의 한 과학자가 풍기문란 혐의로 법정에 섰습니다. 과학자가 풍기문란이라니, 좀 이상하죠. 그 남자의 죄목은 자기보다 스무 살 가까이 어린 상대와 애정 행각을 벌였다는 거였는데, 문제는 그 상대가 동성이었다는 겁니다. 당시 영국에서 동성애는 2년 이하의 징역에 해당하는 범죄 행위였습니다. 뛰어난 업적을 남겼던 이 과학자에게 판사는 마치 선처해 주듯이 제안했습니다.

"감옥에 가겠습니까? 아니면 성욕을 억제하는 호르몬주사를 1년간 맞겠습니까?"

즉 화학적 거세를 받으면 감옥에 안 가도 된다고 한 거죠. 요즘이라면 상상하기 힘든 이야기인데요. 저라면 차라리 감옥에 갈 텐데, 이 40대의 과학자는 화학적 거세를 선택했습니다. 자신이 하던 연구를 이어나가기 위해서였죠. 여성호르몬인 에스트로겐을 지속적으로 투입 받은 과학자의 몸은 점점 여성처럼 변해가고 목소리도 변했습니다. 거기다 동성애자라는 낙인이 찍혀서 제2차 세계대전을 승리로 이끈 전쟁 영웅이었음에도 조국에서 인정받지 못했죠.

이 사람이 바로 오늘의 첫 번째 주인공 앨런 튜링 Alan Turing 입니다.

전쟁을 승리로 이끈 수학자

방금 말씀드린 재판이 앨런 튜링의 삶의 전부가 아닙니다. 앨런 튜링은 영화 주인공이 되고도 남는 파란만장한 인생을 살았는데, 그의 삶은 〈이미테이션 게임〉이라는 영화로 다뤄지기도 했죠. 영화는 수학자인 앨런 튜링이 에니그마라는 나치의 암호를 해독하고 전쟁을 승리로 이끄는 내용을 다루고 있습니다. 컴퓨터에 대해 얘기한다더니 수학자와 전쟁 얘기가 왜 나오냐고요?

사실 우리나라에선 컴퓨터공학이 공학적인 이미지가 강하지만, 컴퓨터 과학 자체는 수학과 논리학에서 출발했습니다. 그래서 빌 게이츠나 스티브 잡스가 컴퓨터의 아버지가 아니고 수학자들이 컴퓨터 과학의 아버지라고 할 수 있죠. 그중에 한 명이 바로 앨런 튜링이었습니다.

사실 컴퓨터는 어느 한 사람이 만든 게 아니기 때문에 누가 컴퓨터의 아버지인지에 대해 과학자들 사이에서 아주 첨예한 주제로 다뤄지곤 합니다. 1980년대만 해도 앨런 튜링은 이런 논쟁에서 크게 언급되지 않았습니다. 하지만 지금은 튜링의 공적이 잘 알려져 있죠. 2021년에는 우리나라의 5만 원권 지폐처럼 최고가 권인 영국 50파운드 화폐에 튜링의 얼굴이 등장했습니다. 그전엔 증기기관을 만든 제임스 와트와 매튜 볼턴이 그 자리에 있었으니, 튜링의 존재감이 얼마나 컸는지 짐작할 수 있겠죠?

50파운드 화폐에 튜링의 얼굴과 함께 실린 게 있었는데, 바로 튜링의 암호에도 쓰인 봄브The Bombe의 도면입니다. 〈이미테이션 게임〉에 나온 암호 해독 키가 이 봄브였는데, 이 장치가 컴퓨터의 탄생에 공헌했기 때문에 한번 자세히 들여다보겠습니다.

▲ 독일의 암호 기계 에니그마

에니그마에 대적한 콜로서스

1939년 제2차 세계대전에서는 독일 나치에 맞서서 영국, 프랑스, 미국을 비롯한 연합군이 대립했습니다. 당시 독일군은 에니그마라는 기계로 모든 작전을 암호로 만들어서 전달했는데, 영국은 이 암호를 해독하기 위해 블레츨리 파크라는 비밀 연구소를 세웠습니다. 영국 첩보부가 이 연구소의 팀장으로 스카우트한 사람이 앨런 튜링이었어요. 튜링은 당시 20대였는데 어쩌다 이렇게 큰일을 맡게 된 걸까요?

이는 비리라곤 한 톨 없는 공정한 채용이었습니다. 튜링은 이미 수학 천재로 명성이 자자했거든요. 16세 때 아인슈타인의 상대성이론 논문을 이해했고, 뉴턴 역학 이론에서 수정되어야 할 부분을 스스로 추론해 낼 정도였다고 하죠. 대학에서도 수학적 증명을 잘하기로 유명했습니다. 미국에서 박사학위를 받을 때도 이름을 날리다가 스카우트됐죠.

수학 팀장으로 임명된 튜링이 연구소에 있을 때 영국의 주요 골칫거리는 독일 잠수함이었습니다. 이 잠수함 때문에 영국군의 피해가 막대했거든요. 그래서 튜링에게 주어진 임무는 독일 잠수함과 독일군이 주고받는 암호를 푸는 거였습니다. 당시 독일이 쓰던 암호 기계는 '에니그마'라는 기계였는데, 에니그마는 그리스어로 수수께끼를 뜻합니다. 타자기처럼 생긴 에니그마는 문장을 치면 그걸 다른 알파벳 암호로 바꿔줬습니다.

예를 들어서 'tree'라고 입력하면 그거에 대응되는 알파벳 'xewf'가 나오는 식인데요. 이렇게 만든 암호의 경우의 수는 '1해'가 넘었습니다. '해'는 수의 단위로, 억 다음이 조, 그다음이 경, 그다음이 해입니다. 0이 무려 20개나 붙죠. 만약 돈으로 1해 원을 대한민국 국민 5천만 명에게 나눠준다면 한 사람이 받는 돈이 무려 2조 원입니다. 어마어마한 수죠. 심지어 독일군은 24시간마다 이 기계의 설정을 바꿨다고 하니, 인간이 이 암호를 푸는 건 사실상 불가능했습니다.

튜링은 기계가 만든 암호는 기계로 풀어야 한다고 생각했습니다. 그래서 폴란드에서 만든 기계를 개조해 봄브라는 장치를 만들었습니다.

이 장치로 어떻게 암호를 풀었을까요? 우선 독일군이 아침에 'abcd efghijk'라는 암호문을 보내면 이것이 'good morning'이라는 뜻인 것으로 가정해 봅시다. 그럼 'a'는 'g'가 되는 거죠. 그런 식으로 알파벳을 짝지어 놓고 암호문이 해독되는지 확인한 건데요. 이걸 사람이 일일이 한다면 백날 해도 답이 나올 수 없었겠죠. 튜링이 만든 봄브는 그 작업을 대신 해줬습니다. 봄브는 알파벳을 짝지을 수 있는 경우의 수를 하나씩 확인하면서 해석했을 때 말이 되는 경우를 찾아냈는데요. 튜링은 봄브를 1년도 안 돼서 만들었다고 합니다. 전쟁 중이었던 걸 감안하면 엄청난 성과라고 할 수 있죠.

이렇게 영국이 독일의 암호를 풀고 전쟁 피해를 크게 줄였는데, 독일도 가만히 있지 않았습니다. 에니그마보다 복잡한 로렌츠 암호를 만들었죠. 그러자 튜링의 연구소에서는 봄브의 기초에서 콜로서스라는 새로운 암호 기계를 만들었습니다. 콜로서스는 봄브와 달리 이미 해독한 내용을 기계에 저장해 놓고 비교할 수 있는 기계였는데, 초당 5,000자의 속도로 암호를 해독할 수 있었습니다. 1초에 5,000가지의 조합을 시도해 볼 수 있었다고 보면 됩니다. 암호 해독은 의미의 해석보다는 가능한 조합들을 넣어보는 시도의 횟수가 훨씬 중요하거든요. 이런 봄브와 콜로서스는 제2차 세계대전의 종전을 2년 앞당기고 1,400만 명의 목숨을 구했다는 평가를 받고 있죠.

보통 에니악을 최초의 컴퓨터로 많이 알고 있는데, 콜로서스는 에니악보다 2년 전에 만들어진 사실상 최초의 전자식 디지털 컴퓨터였습니다. 그런데도 봄브나 콜로서스의 존재는 군사 기밀이었기 때문에 1970년대 후반까지도 알려지지 않았습니다. 그래서 우리가 흔히 에니악만 알고 있는 거죠.

물론 에니악은 범용컴퓨터로는 최초였습니다. 범용범퓨터는 하드웨어를 바꾸지 않아도 소프트웨어만 바꾸면 다른 작업을 수행할 수 있는 컴퓨터입니다. 예를 들어서 계산기나 세탁기, 전자레인지도 내부에 컴퓨터가 있는데, 그 하드웨어로 빨래하기, 음식 데우기 같은 특정한 작업만 수행하는 컴퓨터죠. 이런 컴퓨터는 범용이 아닙니다. 우리가 쓰는 노트북과 스마트폰이 범용컴퓨터죠.

우리가 오늘 컴퓨터를 이야기하면서 튜링을 소개하는 이유, 그리고 그가 컴퓨터의 아버지로 불리는 아주 핵심적인 이유도 바로 튜링이 범용컴퓨터라는 개념을 처음 이론으로 제안한 사람이기 때문입니다.

컴퓨터의 아버지 튜링

제2차 세계대전이 터지기 전 튜링은 미국 프린스턴대학에서 박사 과정을 밟고 있었는데, 이때 〈계산 가능한 수에 관하여〉라는 논문을 내서 세상을 깜짝 놀라게 했습니다. 여기에 '튜링기계'라는 개념이 등장했죠. 튜링기계는 진짜 기계가 아니라 가상의 기계입니다.

칸마다 0이나 1이 적힌 끝없이 긴 종이테이프가 있습니다. 그리고 한 번에 테이프를 한 칸씩 읽는 스캐너 같은 장치가 있어요. 이 스캐너에 어떤 작동 규칙 명령을 넣었는데, 이게 바로 알고리즘입니다. 튜링은 수학적 알고리즘에 의해 작동하는 가상의 기계를 제안했습니다. 이 튜링기계의 목적은 계산으로, 동작은 단순하지만 공학용 계산기나 컴퓨터로 풀 수 있는 모든 문제를 풀 수 있습니다. 0과 1로만 이루어진 숫자라니, 익숙하죠? 튜링기계는 0과 1, 즉 이진법을 사용하는 현대 컴퓨터가 작동하는 원리의 시초입니다.

튜링은 여기서 더 나아가 모든 연산 규칙을 담을 수 있는 보편적인 기계 개발이 가능한지 논의했습니다. 이것이 바로 보편적인 튜링기계를 가정한 것이며, 우리가 지금 사용하는 컴퓨터의 모체였습니다. 각각의 튜링기계가 소프트웨어고 이걸 실행하는 컴퓨터가 보편 튜링기계라고 생각하면 됩니다.

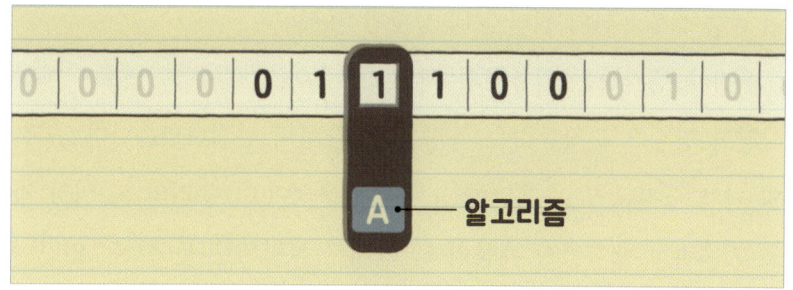

▲ 알고리즘을 활용해 계산하는 튜링기계의 원리

재미있는 점은 사실 튜링이 컴퓨터 같은 장치를 만들기 위해 이 아이디어를 떠올린 게 아니라는 겁니다. 그가 튜링기계를 제안한 이유는 수학적 난제를 해결하기 위해서였는데요. 튜링이 학교에 다닐 때 수학자들 사이에서 이슈가 된 문제가 있었습니다. 바로 독일의 수학자였던 힐베르트가 던진 문제, '모든 수학적 명제는 참 또는 거짓으로 결정될 수 있을까?'라는 주장이었습니다. 많은 수학자가 이 문제에 뛰어들었고, 수학 천재였던 튜링도 마찬가지였는데요. 이 문제가 어려운 이유는 문제 자체를 증명하는 문제였기 때문입니다.

튜링은 이 문제를 풀기 위해 가상의 튜링기계를 만들어서 계산 가능한 데이터를 받았을 때 정지할지 하지 않을지 알 수 있는지 증명하면 된다고 판단했죠. 더 쉽게 이야기하면, 우리가 종종 스마트폰에서 앱을 누르면 실행되지 않은 채 무한히 로딩되는 경우가 있습니다. 힐베르트가 던진 문제는 모든 로딩이 완전히 멈추거나 끝났다는 걸 증명하라는 것인데요. 튜링은 가상의 튜링기계를 통해 무한하게 반복되는 모순적 상황이 나오니 참과 거짓을 판단하는 일반적인 방법은 존재하지 않는다는 걸 밝혀냈습니다. 수학 문제를 풀었는데 이 과정이 나중에 컴퓨터의 원리가 된 상황인 거죠.

우리가 생각하는 컴퓨터의 핵심적인 특징인 범용성 상황에 따라 다양한 방식으로 작동하는 특성은 늘 튜링의 관심사였습니다. 인간의 뇌가 가지고 있는 대단한 능력이 범용성이고, 우리의 뇌 역시 범용 기계라고 생각했기 때문이죠. 그래서 튜링의 논문에서는 인간이 계산할 때 종이 연필을 사용해서 지침에 따라 행동하는데, 이런 과정을 기계적인 절차로 나타낸 게 튜링기계였습니다. 인간의 사고 과정이 튜링기계와 본질적으로 같다고 생각했던 거죠.

그런 의미에서 튜링은 인공지능의 아버지라고도 평가받는데요. 튜링은 '계산하는 기계'가 '생각하는 기계'가 될 수 있을 거라고 생각했습니다. 계산은 계산기도 할 수 있는 단순한 행위이고 생각은 좀 더 고차원적인 거라고 생각하는 분들이 많은데요. 사실 계산하는 것과 생각한다는 게 무엇인지도 쉽게 정의하기 어렵습니다. 우리가 5 더하기 1이 6이라고 계산하는 것은 생각이 아닐까요? 튜링은 계산하는 기계가 다양한 경우의 수를 계산해서 체스 같은 게임을 하고 아이들이 학습하듯 배우며 결국엔 지능이 있는 것처럼 행동하는 것까지 가능하다고 상상했습니다.

AI의 시초는 튜링으로부터

튜링이 이렇게 인간의 정신이나 의식, 지능과 관련된 심오한 생각을 하게 된 이유 중 하나로 자주 거론되는 사람이 있습니다. 튜링이

16세 때 만난 크리스토퍼 모컴Christopher Morcom이라는 2살 연상의 남성인데요. 모컴이 동성애자였는지는 확인되지 않았고, 둘은 공식적인 연인 관계도 아니었습니다. 두 사람은 수학과 과학이라는 공감대를 가지고 있었고 깊은 우정을 나눈 사이였죠. 그런데 모컴이 18세에 갑자기 결핵으로 세상을 떠나 튜링은 큰 충격을 받았습니다.

이때 받은 충격이 튜링의 인생에 크게 영향을 미치는데요. 튜링이 모컴의 어머니에게 보낸 편지를 보면 사후에는 영혼이 다른 육체를 찾아갈 거라는 이야기도 있었습니다. 어쩌면 모컴의 정신과 지능 그 모든 것에 대한 그리움이 컸기 때문일지도 모릅니다. 이런 고민들이 나중에 튜링이 인공지능과 비슷한 개념을 생각하는 데도 영향을 끼쳤다고 하죠. 지능에 대한 생각을 놓지 않았던 튜링은 1950년 획기적인 논문을 발표했습니다. 〈계산 기계와 지능〉이라는 논문인데요. 논문의 첫 문장은 이렇게 시작합니다.

'기계가 생각할 수 있을까?'라는 질문에 대해 고려해 볼 것을 제안한다.

이 문장은 현대 인공지능 개념에 시동을 건 논문으로 꼽힙니다. 이 논문이 유명한 이유는 또 있는데요. 바로 '튜링테스트'라는 획기적인 발상 때문입니다. 튜링테스트는 과연 기계가 지능을 갖고 있는지 아닌지 확인하는 방법이 담긴 테스트입니다. 인공지능에 관심 있는 분들은 많이 들어보셨을 겁니다.

과정은 간단합니다. 인간과 어떤 상대가 중간에 벽을 두고 스무고개 하듯이 질문을 주고받는 거예요. 이때 그 상대는 인간일 수도 있고 기계일 수도 있죠. 그래서 질문을 던지는 인간은 상대방의 답변을 들으면서 상대방이 인간인지 기계인지 맞히는 겁니다. 마치 우리가 채팅하는 것과 비슷하다고 보면 됩니다. 모르는 상대와 채팅을 하는데 상대방이 인간인지 챗GPT인지 답변을 보면서 판단해 보는 거죠. 그래서 튜링은 만약 기계가 하는 답변이 사람과 아주 비슷해서 구분되지 않는 정도라면 생각하는 기계라고 봐도 좋다는 주장을 했습니다.

그럼 튜링테스트는 어떤 질문으로 이루어져 있을까요? 튜링이 제시한 가상 대화 샘플을 일부 보여드리겠습니다.

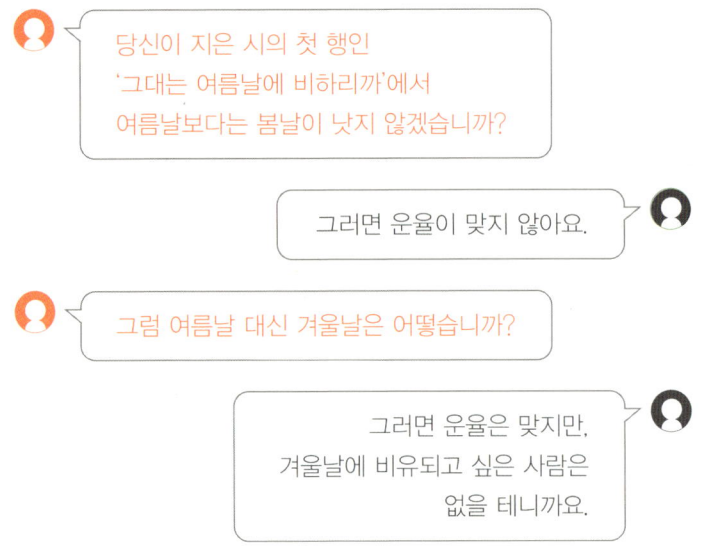

이 답변자는 '여름날'과 '봄날'은 운율이 맞지 않는다는 것도, 사람이 겨울에 비유되는 걸 그다지 좋아하지 않는다는 사실까지 알고 있어요. 여러분이 보기엔 어떤가요? 이 정도면 답변자가 인간이라고 볼 수 있을 것 같나요?

당시 튜링은 이 정도 답변이면 상대가 인간인지, 인간인 척하는 기계인지 구분하기 어렵다고 주장했습니다. 그러면서 지금부터 50여 년이 지나면 이 테스트를 뛰어나게 수행하는 기계를 프로그래밍할 수 있을 것이라고 주장했죠.

튜링이 이 테스트를 고안한 이후로 새로운 기계들이 계속 도전장을 내밀었는데, 우선 튜링 생전에는 테스트를 통과한 기계가 없었습니다. 그러다 〈계산 기계와 지능〉 논문이 나온 지 64년 만인 2014년에 처음으로 튜링테스트를 통과한 프로그램이 등장했습니다. 러시아에서 개발한 인공지능 유진 구스트만이었죠. 하지만 13살의 우크라이나 출신 소년이라는 설정이라 영어를 못해서 가능한 일이었지, 사실 모순되는 답변도 많이 했기 때문에 테스트를 통과한 걸로 보기 어렵다는 전문가들도 많습니다.

그러면 과연 챗GPT는 튜링테스트를 통과했을까요? 쉽게 상상해볼 수 있듯, 2025년 4월에 챗GPT 4.5 버전이 아주 뛰어난 성적으로 통과했습니다. 이번엔 인간과 챗GPT가 하는 답변을 동시에 받아서 누가 인간인지를 고르는 식으로 진행했죠. 300명의 참가자가 1,023회에 걸쳐 진행했는데 결과는 7 대 3이었습니다. 챗GPT가 7로 압승을 거뒀죠. 답변을 보고 인간이라는 답변을 들은 횟수가 인간보다 챗GPT가 훨씬 많았던 거예요. 튜링테스트에서 기계가 인간을 이긴 건 이번이 처음입니다. 소름 돋지 않나요? 튜링은 이런 기계가 약 50년 후에 나올 거라고 예측했는데 75년 만에 현실이 된 거죠.

물론 튜링테스트가 대단한 것도 있지만, 어떻게 보면 인간과 기계를 구분하는 기준을 세웠다는 점에서 훨씬 대단합니다. 이제 왜 튜링이 인공지능의 아버지라고 불리는지 아시겠죠?

천재 과학자 폰 노이만

아까 말씀드렸다시피 컴퓨터에는 하드웨어와 소프트웨어가 있으며 누군가 한순간에 발명한 것도 아니라서 탄생 과정에 지분을 가진 사람이 많습니다. 앨런 튜링도 그중 한 사람인데요. 전쟁 때 튜링이 했던 일들이 국가 기밀로 오랫동안 베일에 쌓여 있어서 튜링이 컴퓨터의 아버지로 언급되기 시작한 건 1980년대 이후에요. 그래서 그 전까지 컴퓨터 개발에 누구의 공이 크냐고 물으면 튜링이 아니라 다른 세 사람이 많이 언급됐습니다. 공학자였던 존 프레스퍼 에커트 J.Presper Eckert, 물리학자였던 존 모클리 John Mauchly, 그리고 오늘의 두 번째 주인공인 이 사람입니다. 미래에서 온 남자라고 불릴 만큼 미친 천재로 알려진 사람, 바로 존 폰 노이만 John von Neumann 입니다.

당대 최고의 수학자이자 프린스턴대학의 교수이기도 했던 폰 노이만은 우리나라에선 많이 알려지지 않았습니다. 하지만 사실 아인슈타인과 자주 비교되는 엄청난 인물이죠. 수학, 컴퓨터과학, 양자역학, 경제학 같은 다양한 영역에서 혁혁한 업적을 남겨서 21세기를 설계한 남자라는 평가를 받기도 합니다.

폰 노이만은 앨런 튜링보다 9년 먼저 헝가리에서 태어났습니다. 1963년에 노벨물리학상을 받은 헝가리 출신 과학자 유진 위그너 Eugene Wigner 라는 분이 있는데, 언젠가 위그너가 "헝가리에는 왜 이렇게 천재가 많나요?"라는 질문을 받은 적이 있었습니다. 그때 위그너는 이렇게 대답했습니다.

> 천재요? 제가 아는 천재는 폰 노이만밖에 없는데요.

내로라하는 과학자들도 폰 노이만이 천재라는 데 이견이 없었습니다. 이름부터 고급스러운 폰 노이만은 아주 부유한 유대인 가정 출신이었습니다. 상류층 자제답게 방문교사에게 여러 학문을 조기 교육 받았죠. 6세에 8자리 숫자의 곱셈을 무려 암산으로 할 수 있었고 8세에는 미적분을 할 수 있었습니다. 거기다 고등학교를 졸업하자마자 대학 3개를 동시에 다녔고, 19세에 박사논문을 썼습니다. 언어는 7개 국어를 구사할 정도였다고 하네요.

이 말고도 입이 아플 정도로 천재적인 이야기가 많은데요. 그중에 유명한 건 28세에 〈양자역학의 수학적 기초〉라는 논문을 내서 수학계를 발칵 뒤집었다는 겁니다. 양자역학에 반감을 갖고 있던 아인슈타인은 확률과 불확정성에 기초한 양자역학에 강한 거부감을 갖고 있었는데요. 양자역학을 반대하려고 '숨은 변수 이론'이라는 걸 만들었죠. 그런데 폰 노이만의 논문은 숨은 변수 이론이 수학적으로 불가능하다고 주장하면서 양자역학에 힘을 실어줬습니다. 재미있는 건 폰 노이만의 이 양자역학 논문을 읽은 한 소년이 바로 앨런 튜링이었던 겁니다. 튜링은 그 논문을 읽고 너무 재미있고 술술 익혔다며 어머니에게 편지를 썼다고 합니다.

이렇게 젊을 때부터 최고의 수학자로 널리 알려진 폰 노이만은 미국 프린스턴 고등연구소의 교수로 재직했습니다. 유럽에 비해 수학과 과학 발전이 뒤처졌던 미국이 당대 최고의 학자들을 다 여기로 데려왔거든요. 이 중에 아인슈타인도 있었죠. 당시 29세였던 폰 노이만은 교수 중 최연소였습니다.

이 고등 연구소는 연봉이 높아서 '고등 연봉소'라고도 불렸는데, 폰 노이만은 지금 기준으로 약 2억 8천만 원의 연봉을 받았다고 합니다. 노이만의 동료들은 이곳에 모인 천재들 중 폰 노이만이 아인슈타인을 포함한 그 누구보다도 머리 회전이 빨랐다고 평가했습니다. 폰 노이만은 천재 중의 천재였던 거죠.

폰 노이만과 앨런 튜링이 처음 만난 것도 이 시기였습니다. 튜링은 프린스턴대학에서 박사학위를 받았고, 폰 노이만은 튜링기계 논문을 보고 '이 녀석, 쓸 만한데' 싶었던 거죠. 그래서 튜링에게 연봉을 많이 줄 테니 자신의 조교가 되어 달라고 제안했습니다. 그런데 이를 튜링이 거절하죠. 튜링은 미국이 아닌 조국 영국에서 연구 활동을 지속했는데, 둘은 그 후로도 서로의 논문을 보고 각자 연구하는 데 꽤 큰 영향을 받았습니다.

게임이론부터 맨해튼 프로젝트까지

먼저 폰 노이만의 업적 중 몇 가지를 살펴보겠습니다.

경제학에서 쓰는 게임이론이라는 용어, 많이 들어보셨죠? 폰 노이만이 바로 게임이론을 최초로 만든 사람입니다. 오스트리아의 경제학자 오스카 모르겐슈테른과 공동 연구를 진행해서 1944년에 640쪽짜리 책을 내놓는데, 이게 게임 이론의 시작이었습니다.

　게임이론은 게임에서 최대의 결과물을 얻으려면 어떤 전략을 써야 하는지 수학적으로 체계화한 건데요. 여기서 게임이란 국가 간 외교부터 기업 간의 경쟁, 정치권의 협상, 그리고 우리 일상에서 벌어지는 모든 협상까지 해당됩니다. 폰 노이만이 주로 연구한 건 2인 제로섬 게임이었는데요. 제로섬 게임은 한 참가자가 이득을 보면 다른 참가자는 똑같은 양의 손해를 보는 게임입니다. 구슬치기로 예를 들면 한 사람이 5개를 따면 다른 사람은 5개를 잃는 겁니다.

　폰 노이만은 제로섬 게임에서 어떤 전략을 짜야 유리한지 수학적으로 증명했습니다. 자신에게 가장 불리한 결과는 상대방이 결정하기 때문에 최악의 결과를 염두에 둔 상태에서 자신의 이득을 최대화하는 전략을 써야 한다고 했습니다. 케이크 하나를 잘라서 두 사람이 나눠서 갖는다고 생각해 봅시다. 한 사람이 케이크를 자르는 권한을 가지면 다른 한 사람은 잘린 케이크 조각을 먼저 가져가는 권한을 갖습니다. 이때 자르는 사람은 가져가는 사람이 선택하지 않을 만큼 작아 보이는 쪽을 가능한 크게 잘라야 합니다. 그래야 내가 나중에 가져갈 때 손실이 적으니까요. 가져가는 사람의 전략은 쉽습니다. 그냥 두 조각 중에서 더 큰 조각을 신중하게 골라서 가져가면 되죠.

　그냥 반을 정확하게 나누면 되지 않냐고요? 케이크의 경우에는 그게 가능하지만, 실제 제로섬 게임에서는 그렇게 반으로 딱 나누는 게 가능하지 않은 복잡한 상황이 많아요. 지금 게임이론은 경제학뿐만 아니라 정치학부터 생물학까지 거의 모든 학문에 다 쓰이지만, 폰 노이만이 처음 책을 냈을 땐 경제학자들이 이 이론의 가치를 잘 몰랐습니다.

제일 먼저 게임이론의 가치를 알아본 건 미국 군대였습니다. 냉전 시대, 미국과 소련이 핵전쟁을 벌일 때 미국이 핵폭탄 발사 단추를 언제 눌러야 할지를 결정하는 데도 게임이론이 중요한 전략을 제공했다고 하죠.

현대에 전쟁이 많았던 만큼 우리가 현대의 과학자들을 이야기할 때도 전쟁 이야기가 빠지지 않습니다. 제2차 세계대전과 떼려야 뗄 수 없는 튜링처럼 폰 노이만도 전쟁의 중심에서 활동하게 됐죠. 〈오펜하이머〉라는 영화를 통해 잘 알려진 맨해튼 프로젝트에 참여한 겁니다.

폰 노이만은 처음엔 순수하게 연구만 했는데, 1941년 미국이 전쟁에 참전하면서 연구가 전환점을 맞이하게 됩니다. 유대인이었던 폰 노이만이 나치에 맞서서 이 전쟁을 적극 돕기로 결심한 거예요. 그래서 그 뒤로 전쟁에 관련된 연구를 많이 했습니다. 그중 가장 중요한 프로젝트가 바로 맨해튼 프로젝트로, 세계 최초로 핵무기를 개발하기 위한 미국의 비밀 프로젝트였습니다. 이곳의 수장이 오펜하이머였는데, 핵분열 실험이 계속 실패하자 오펜하이머가 천재 폰 노이만에게 도와달라고 부탁한 겁니다.

그때 과학자들이 만들고 있던 건 우라늄 폭탄이었습니다. 그런데 우라늄 폭탄은 농축하는 데 시간이 오래 걸린다는 문제가 있어서 플루토늄 폭탄도 하나 더 만들어야 하는 상황이었습니다. 원자폭탄을 만들려면 우라늄이나 플루토늄을 완벽하게 동시에 아주 강하게 부딪혀야 핵폭발이 일어나는데요. 특히 플루토늄은 훨씬 복잡하고 정밀한 설계를 해야 하는 상황이어서 더 파괴력이 강한 폭발을 위해 폭발 렌즈라는 게 필요했고, 이걸 만든 사람이 폰 노이만이었습니다. 그리고 원자폭탄은 실험을 해볼 수 없기 때문에 적국에 더 큰 피해를 입히려면 어디서 터뜨려야 할지 완벽한 시뮬레이션이 필요했는데, 그것도 폰 노이만의 몫이었죠.

그런 치밀한 계산 아래서 팻맨이라 불리는 플루토늄 폭탄이 1945년 8월 9일 일본 나가사키에 투하되어 지상 500미터 지점에서 폭발했습니다. 충격파와 열선이 가장 넓게 퍼져서 건물과 사람에게 최대 피해를 줄 수 있을 거라 예측한 높이였죠. 그리고 폰 노이만의 예측대로 이 폭탄은 일본에 씻을 수 없는 피해를 남겼습니다. 폰 노이만이 과학적으로는 대단한 발명을 했지만 인류에겐 끔찍한 결과를 낳은 거죠.

맨해튼 프로젝트에 참여한 과학자들이 이 프로젝트의 결과를 두고 반성과 후회를 했다고 알려져 있는데, 폰 노이만은 정반대였습니다. 끝까지 핵 개발이 정당하다고 생각했죠. 윤리와 감정보다는 뼛속까지 논리와 전략으로 무장된 사람이었거든요. 강력한 핵에 대한 두려움만이 전쟁을 막을 수 있다고 생각했습니다. 아마 이런 요수들 때문에 영화 〈오펜하이머〉에도 출연하지 못한 게 아닐지 상상해 봅니다.

컴퓨터의 아버지 폰 노이만

폰 노이만도 튜링처럼 컴퓨터의 아버지로 불렸습니다. 이것도 전쟁과 관련이 있는데, 맨해튼 프로젝트에서 핵폭탄 모의실험을 할 때 어마어마한 계산량을 빠른 속도로 계산할 수 있는 기계가 필요했거든요. 노이만은 가장 빠른 계산기를 찾기 위해 미국 전역을 돌아다녔는데, 그러다 만난 것이 바로 그 유명한 에니악입니다. 아까 에니악이 최초의 범용 컴퓨터라고 말씀드렸죠. 당시에 미국에서 총알보다 빠른 계산기라고 떠들썩했습니다. 기존의 계산기보다 1,000배나 빨랐거든요. 우리가 지금 아는 컴퓨터와는 달리 어마어마하게 컸어요. 길이가 17미터에 무게는 30톤이었습니다. 에니악 개발자들이 컴퓨터를 들고 다닌 게 아니라 컴퓨터 안에서 살았다고 말할 정도였죠.

하지만 에니악에게도 치명적인 단점이 있었습니다. 덧셈을 하다가 뺄셈을 하기 위해서는 컴퓨터 배선을 매번 뽑아서 다시 끼워야 했던 거예요. 너무 불편하겠죠. 그래서 노이만은 이를 해결하기 위해 '프로그램 내장형 컴퓨터'를 제안했습니다. 현대식 컴퓨터의 구조를 보면 키보드 같은 입력 장치가 있고, 중앙처리장치인 CPU가 있습니다. 출력 장치인 모니터도 있고, 중앙처리장치 옆에 기억 장치인 메모리도 있죠.

그런데 초기 컴퓨터들인 에니악, 콜로서스는 메모리가 없었습니다. 폰 노이만이 한 건 CPU 옆에 메모리를 붙인 겁니다. 이렇게 하면 프로그램과 자료를 메모리에 저장해 놓았다가 명령에 따라 작업을 차례로 불러내서 처리할 수 있게 됩니다. 즉 폰 노이만이 제안한 구조에서는 배선을 바꾸지 않고 소프트웨어만 바꿔 끼우면 되는 거예요. 지금 우리가 생각할 땐 당연한 거지만, 그 당시엔 획기적인 생각이었습니다. 이런 구조를 '폰 노이만 구조'라고 하는데, 지금 우리가 사용하는 컴퓨터와 스마트폰도 이 구조를 따르고 있습니다.

그리고 1949년에 폰 노이만은 이 새로운 구조로 '에드박'이라는 컴퓨터를 완성했습니다. 새 컴퓨터의 획기적인 메모리는 5.6킬로바이

▲ 에니악을 프로그래밍하는 모습

트였습니다. 요즘 스마트폰 내장 메모리와 비교하면 수억 배 차이가 나죠. 그래도 중요한 건 70년이 넘은 지금까지도 이런 방식의 컴퓨터가 사용되고 있다는 겁니다.

물론 폰 노이만 구조에도 병목현상이라는 단점이 있었습니다. 병목현상은 중앙에서 아무리 데이터를 빨리 처리해도 메모리의 속도가 느리거나 데이터가 너무 많으면 전체적인 성능이 저하되는 현상입니다. 폰 노이만은 이걸 해결하려고 계속 고민했지만 결국 죽을 때까지 해결하지 못했습니다.

요즘은 인공지능 때문에 처리해야 할 데이터양이 어마어마하게 늘어나고 있습니다. 다행히 이런 병목현상을 줄일 수 있게 다른 구조를 가진 컴퓨터들이 등장하고 있습니다. 요즘 핫한 양자컴퓨터도 그중 하나죠. 어쨌든 폰 노이만은 그 후로 컴퓨터 개발에 전력을 다하고 있던 IBM과 손을 잡게 됩니다. 그리고 1951년부터 고액 연봉을 받으며 IBM에 컨설팅을 제공했죠. 덕분에 1960년대에 IBM은 전 세계

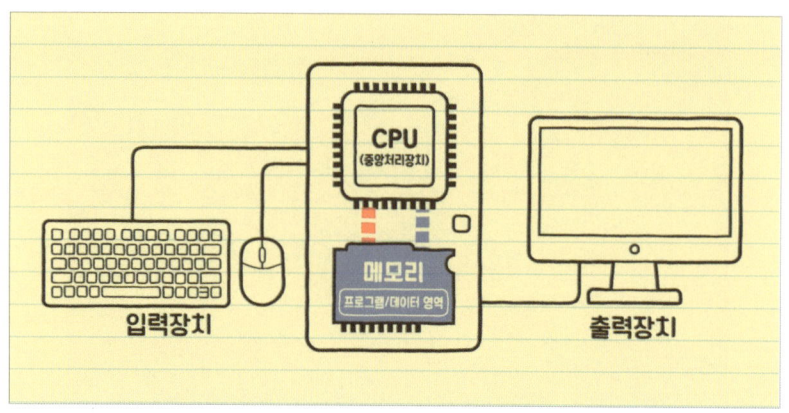

▲ 폰 노이만은 CPU 옆에 메모리를 붙였다.

전자 컴퓨터의 70%를 생산하는 초대형 기업으로 성장했습니다.

컴퓨터가 상업적인 가치를 갖추고 있다는 건 초창기 컴퓨터 개발자들도 감을 잡고 있었는데요. 실제로 상업화시키는 데 성공한 건 IBM이었습니다. 그래서 IBM이 벌어들인 돈의 절반은 폰 노이만에게 빚을 진 거나 다름없다는 이야기도 있죠.

컴퓨터의 아버지 2인의 상반된 인생

날 때부터 부자였던 노이만은 살면서도 돈이 마를 날이 없었습니다. 인생이 '플렉스' 그 자체였는데요. 운전 실력은 나빴지만 슈퍼카 수집이 취미여서 페라리, 포르쉐 같은 고급차가 여러 대 있었다고 합니다. 패션에도 관심이 많아서 항상 고가의 투 버튼 정장만 입고 다녔다고 하죠. 보통 수학자들은 내성적인 사람들이 많은데, 폰 노이만은 파티광이었고 음담패설과 여자를 좋아했습니다.

폰 노이만은 결혼을 두 번 했습니다. 흥미로운 점은 그의 두 번째 아내인 클라라Klára Dán도 핵무기를 만드는 데 기여했다는 겁니다. 클라라는 당시 대부분의 여성들처럼 대학을 나오지 않았는데, 전쟁 직후에 노이만과 함께 핵폭탄 안에서 중성자의 궤적을 계산하는 시뮬레이션 프로그램 '몬테카를로 메소드'를 만들었습니다. 모나코에 있던 몬테카를로는 두 사람이 처음 만난 장소의 이름이었죠. 이 프로그램은 나중에 수소 폭탄이 만들어지는 데 기여했습니다.

그럼 이렇게 폰 노이만이 핵과 컴퓨터 분야에서 성공 가도를 달리는 동안 앨런 튜링은 어떻게 지내고 있었을까요? 튜링은 말년에는 기계가 아니라 갑자기 생물학 연구에 몰두했습니다. 동물의 무늬에 나타나는 패턴을 수학적으로 설명하려고 했죠. 예를 들면 호랑이, 얼룩말, 물고기의 무늬에 수학적 질서가 있다고 생각한 겁니다. 튜링은 털 색깔을 결정짓는 화학물질이 있을 것이라고 가정하고 이 물질들이 상호 작용해서 동물의 무늬가 만들어진다고 생각했어요. 그리고 이 물질들이 반응하고 퍼져나가는 현상을 미분방정식으로 나타냈죠. 튜링은 이를 1952년에 논문으로 발표했는데, 당시에는 큰 관심을 얻지 못했습니다. 그러다가 1970년대 튜링의 미분방정식을 시뮬레이션하면 조개껍데기나 열대어의 무늬를 재현할 수 있다는 게 밝혀집니다.

여기에 다른 수학자가 튜링의 발상을 더 발전시켜서 태아의 크기에 따라서 점 무늬나 띠 무늬가 다르게 만들어진다는 것까지 증명됐죠. 오늘날에는 이렇게 수학으로 생명을 설명하는 분야를 '수리생물학'이라고 부릅니다. 그런 분야가 없던 시대에 튜링이 큰 기여를 한 거죠.

하지만 이 논문을 발표한 해, 튜링의 운명을 바꾸는 사건이 발생했습니다. 바로 튜링이 동성애자라는 사실이 발각된 건데요. 그 시대 영국에서는 동성애가 불법이라고 말씀드렸었죠? 그때 튜링은 아놀드 머레이Arnold Murray라는 20살 연하의 청년과 연인 관계였습니다.

둘의 관계가 멀어질 때쯤 튜링의 집에 도둑이 들었습니다. 도둑의 정체는 황당하게도 머레이의 친구였는데요. 튜링이 사는 집이 좋아 보이니까 털어보려고 한 거죠. 사회적으로 지위가 있는 사람이니까 동성애를 들키지 않으려고 신고를 안 할 거라고 생각한 거예요.

하지만 튜링은 곧바로 신고를 해버렸습니다. 튜링은 자신의 성적 취향을 잘못된 일이라 생각하지 않았거든요. 경찰 조사 과정에서 튜링에게 동성의 연인이 있었다는 사실이 밝혀졌고, 경찰은 튜링을 풍기문란죄로 고발했습니다. 그렇게 유죄 판결이 내려졌죠. 앞에서 말씀드린 것처럼 튜링은 감옥에 가는 대신에 화학적 거세를 택했습니다. 연구를 계속하고 싶었거든요. 그 후 튜링은 호르몬 치료를 받으면서 신체적으로 여러 부작용을 겪었습니다.

거기다 동성애는 보안의 위협이 될 수 있는 것으로 취급받아서 튜링은 국가의 모든 기밀 업무에서도 배제됐습니다. 뛰어난 학자였던 튜링의 명예가 바닥까지 떨어진 거죠. 튜링은 자신이 이룬 것들이 전부 물거품이 됐다고 생각했습니다. 그리고 2년 뒤 청산가리에 담근 사과를 베어 먹고 스스로 세상을 등졌죠. 고작 42세 때 일이었어요. 튜링은 생전에 영화 〈백설공주〉를 좋아했던 걸로 알려져 있는데, 특히 왕비가 사과를 독에 담그는 장면을 유독 좋아했다고 해요. 그래서 이런 죽음을 택한 게 아닐까, 라고 많은 사람들이 추측하고 있죠.

튜링의 주변 사람들은 튜링의 죽음이 사고사라고 주장하기도 했는데, 아직까지 무엇이 진실인지는 알 수 없습니다. 중요한 건 위대한 수학자의 인생이 너무 허망하게 일찍 끝나버렸다는 거죠. 튜링의 사과에서 영감을 받아서 애플의 로고가 만들어졌다는 이야기도 있었는데, 애플은 이를 공식적으로 부인했습니다.

그리고 튜링이 세상을 떠나고 한참이 지나고 영국인들은 튜링을 사면해 달라는 운동을 펼쳤습니다. 결국 2014년 영국 여왕 엘리자베스 2세가 동성애로 유죄 판결을 받았던 튜링을 사면했죠. 사후 60년 만에 명예를 회복하게 된 건데, 2016년에는 영국에서 '앨런 튜링법'이라고 불리는 동성애자 사면법까지 만들어졌습니다. 과거에 동성애 금지법으로 유죄 판결을 받았던 남성들을 사면하는 법인데, 이 법으로 5만 명 이상이 사후 사면을 받았습니다. 튜링의 인생은 짧았지만 그가 남긴 유산이 오늘날 수학, 과학 그리고 사회에까지 굵직하게 남아있는 거죠.

개인적으로 튜링을 생각하면 안타까운 부분이 많이 있습니다. 튜링은 어릴 적에 인도의 주재원으로 가 있던 부모님 때문에 다른 사람들의 손에 컸거든요. 엄마가 다시 인도로 돌아갈 때 울면서 차를 따라갔다는 에피소드, 처음으로 마음에 품었던 사람을 일찍 잃은 일……. 특히 튜링은 성인이 되어서도 '포기'라는 이름을 가진 어릴 적 곰인형을 데리고 다녔는데요. 유아적이라기보다는 마음에 상실감이 있는, 어딘가 외로운 사람처럼 느껴졌습니다.

그럼 이런 감수성과는 아주 거리가 먼 폰 노이만의 말년은 어땠을까요? 튜링처럼 비극적이었을까요?

무기 홀릭이었던 폰 노이만은 말년의 특이한 연구에 몰두했습니다. 자기 복제 기계를 연구한 건데요. 생물처럼 새끼를 낳고 진화하는 기계를 만들 수 없을까, 라는 생각을 한 거예요. SF에 나올 법한 이야기 같죠? 그런데 폰 노이만은 이론적으로 가능하다고 주장했습니다. 튜링이 아이디어를 낸 범용 튜링기계를 활용하면 가능하다고 한 건데요. 여기에 사용되는 원리가 생물학에서 유전이 되는 원리랑 비슷합니다.

이때는 DNA 구조가 밝혀지기 5년 전이었고, 과학자들이 세포 복제 과정을 밝혀내기 한참 전이었는데도 노이만은 이걸 비슷하게 예측했죠. 하지만 우리가 다 짐작할 수 있듯이 자기 복제 기계를 실제로 만들어 내는 데는 실패했습니다. 당시 컴퓨터의 연산 능력으로는 그 수준까지 도달하지 못했거든요.

그런데 노이만의 아이디어를 후대의 과학자들이 발전시켜서 2008년에 자가복제 기계를 만드는 데 성공했습니다. 바로 3D 프린터로 만든 겁니다. 영국의 수학자 에이드리언 보이어Adrian Bowyer가 만든 3D 프린터는 현재 완벽하진 않지만 2세대 프린터가 3세대 프린터를 복제하는 것까지 성공했습니다.

이런 자가 복제 기계를 어디에 활용할까요? 나사에서는 1980년대부터 자가 복제 로봇을 연구하고 있는데요. 우주 기지를 건설하려면 수많은 로봇이 필요한데, 전부 우주로 데려갈 수 없으니 로봇이 고장났을 때 고장 난 로봇을 대체할 새로운 로봇을 스스로 만들 수 있게 하려는 겁니다. 아직 성공하지 못했지만, 저는 희망적으로 보고 있습니다. 지금도 자가복제 로봇이 농업에서 쓰일 정도로 발전했기 때문입니다.

폰 노이만은 말년에 구상한 자가복제 이론을 인생 최고의 업적으로 여겼습니다. 하지만 안타깝게도 연구를 끝내지 못하고 얼마 뒤 1957년 53세의 나이에 골수암으로 사망하고 말았죠.

폰 노이만의 천재적인 머리를 안타까워하는 사람이 참 많았을 것 같습니다. 생전에도 통찰력이 뛰어나서 미래에서 온 남자라고 불렸던 폰 노이만. 말년에 했던 강연에서 기계가 인간보다 더 지능적인 존재가 되면 인간의 존재에 위협이 될 수 있다고 경고하기도 했죠. 기계가 인간의 능력을 뛰어넘는 시점, 즉 특이점을 시사한 건데요. 뛰어난 성능을 자랑하는 챗GPT를 보면 실감이 나죠. 어쨌든 폰 노이만은 미래에서 온 것처럼 특이한 과학자라는 건 분명한 것 같습니다.

오늘은 21세기를 만든 컴퓨터라는 기술의 창시자들을 알아봤는데요. 튜링기계를 만든 앨런 튜링과 폰 노이만 구조를 만든 폰 노이만. 둘 중 누가 진짜 컴퓨터의 아버지라고 볼 수 있을까요? 결정하기 참 어려운데요. 사실 두 사람 말고도 컴퓨터의 아버지, 어머니 후보가 많이 있습니다.

어쨌거나 과거에 등장한 컴퓨터가 지금은 인공지능으로까지 발전하고 있습니다. 과연 이다음엔 어떤 기술이 필요할까요? 다들 고민해 보시면 좋을 것 같습니다. 무엇이든 상상할 수 있는 사람은 불가능한 것도 만들 수 있으니까요.

블랙홀의 연인

스티븐 호킹

1942.01.08. ~ 2018.03.14.

오늘은 무엇보다 즐겁고 신비로운 우주 이야기를 해보려고 합니다. 그중에서도 특히 여러분이 좋아하는 블랙홀 얘기를 해볼 겁니다. 블랙홀이 우주에 뻥 뚫려 있는 까만 구멍이 아닌 건 잘 알려진 사실입니다. 시공간이 뒤틀리고 모든 것을 빨아들이는 신비한 이미지를 지닌 블랙홀은 소설과 영화에서 단골 소재로 등장하죠. 오늘은 이 블랙홀과 관련된 흥미로운 이야기들을 블랙홀과 뗄 수 없는 과학자들과 함께 풀어보겠습니다.

미래에서 온 여러분을 파티에 초대합니다

2009년 6월 28일 영국 런던의 케임브리지대학에서 아주 흥미로운 파티가 열렸습니다. 바로 미래를 살고 있는 시간 여행자들을 초청하는 파티였는데요. 이 파티의 초대장에는 이렇게 적혀 있었습니다.

시간 여행자를 위한 파티에 당신을 정중히 초청합니다.

그리고 이 파티를 연 교수의 이름이 적혀 있었죠. 파티 장소에는 케임브리지대학 이름 대신에 이상한 숫자가 있었습니다. 미래에는 케임브리지대학이 존재하지 않을 수도 있으니까 그 위치에 해당하는 위도와 경도를 써놨죠. 시간과 날짜도 오해의 소지가 없게 명확하게 적혀 있었습니다.

파티 주최자는 음료와 맛있는 음식을 준비해 놓고 시간 여행자들을 기다렸습니다. 그리고 이 파티는 한 TV 채널에서 녹화도 했죠. 자, 과연 미래에 살고 있는 사람들이 과거에서 하는 파티에 왔을까요? 파티에는 아무도 오지 않았습니다. 시간 여행자인 척하는 사기꾼 같은 사람조차도 오지 않았죠. 왜냐하면 이 파티를 주최한 교수가 파티 당일까지 초대장을 공개하지 않았거든요. 즉 파티 장소와 시간을 아무도 몰랐던 거예요. 이 교수는 파티 초대장을 파티가 끝난 이후에 공개했습니다.

왜 그랬을까요? 미래에 있는 사람들이라면 파티가 끝난 뒤에 초대장을 받아도 과거로 시간 여행을 와서 파티에 참석할 수 있기 때문이었죠. 그러니까 이 교수는 과거로의 시간 여행이 불가능하다는 걸 입

▲ 시간 여행자를 위한 파티 초대장

중하려고 이런 파티를 열었던 거예요. 이 파티에 아무도 오지 않았으니 미래에도 과거로 가는 타임머신은 개발되지 않았다는 걸 이야기하고 싶었던 거죠.

어쨌든 이런 신박한 파티를 열어서 시간 여행을 부정한 이 사람은 대체 누구였을까요? 바로 오늘의 주인공 블랙홀과 우주 연구의 권위자, 스티븐 호킹Stephen Hawking입니다.

현대 천문학자로 유명한 호킹

스티븐 호킹은 휠체어를 탄 과학자로 익숙한 분이죠. 그런데 신체에 장애가 있다는 이유만으로 유명한 건 아닙니다. 호킹은 물리학과 천문학 분야에서 알아주는 과학자입니다. 우주론에 한 획을 그었고, 기존에 블랙홀에 대해서 알려져 있던 것들을 완전히 뒤집었죠. 이전에 많이 언급했던 영국 왕립학회, 기억하시죠? 영국 왕립학회는 1660년에 설립된 세계 최고의 과학 학술기관인데, 이곳의 최연소 회원이 스티븐 호킹 박사입니다. 또 영국 과학자가 누릴 수 있는 최고 영예인 케임브리지대학 루카스 석좌교수로 임명되기도 했죠. 아이작 뉴턴이 임명됐던 바로 그 자리입니다. 호킹은 무려 30년 동안 석좌교수로 지내고 67세에 퇴임했습니다. 신체적 제약에도 불구하고 훌륭한 과학 커뮤니케이터로서 강연과 저술 활동을 왕성하게 해서 대중적인 인기도 많았습니다.

호킹이 세상을 떠난 이후에 호킹의 물건들이 경매에 나왔는데요. 전동 휠체어는 4억 3,600만 원 정도에 팔렸고, 박사학위 논문은 약 8억 6천만 원에 팔렸습니다. 호킹의 인기가 어느 정도였는지 아시겠죠?

호킹을 휠체어에 타고 얼굴에 기계를 붙인 모습으로만 기억하는 분들이 많을 텐데요. 사실 20세 무렵까지는 호킹도 두 다리로 평범한 일상을 누렸습니다. 휠체어를 탈 수밖에 없었던 건 21세 때 진단받은 루게릭병 때문이었습니다. 루게릭병은 근육이 점점 힘을 잃어서 몸을 못 움직이게 되는 난치성 희귀질환으로, 나중에는 자신의 의지로 손가락밖에 움직일 수 없었습니다. 그래서 얼굴에 부착한 센서로 컴퓨터에 문자를 입력하고 본인의 목소리가 아닌 음성 재생 장치로 발언해온 거죠.

호킹은 어떻게 기계를 통해서 말했을까요? 호킹이 뺨의 근육을 움직이면 얼굴에 부착된 센서가 이를 인식했습니다. 그리고 센서에 연결된 컴퓨터 스크린에서 단어를 선택하면 컴퓨터에 내장된 음성 합성기가 이 단어들을 소리로 전환했죠. 그렇게 우리가 기계음을 통해서 호킹의 이야기를 들을 수 있었습니다.

호킹을 유명하게 만든 것 중 또 하나는 〈시간의 역사〉라는 책입니다. 1988년에 발간해 30년 동안 천만 부 이상 팔렸다고 하는데요. 이 책에는 호킹이 그동안 연구해 왔던 내용과 그 당시 우주에 대한 첨단 이론들이 담겨 있습니다. 호킹이 대중에게 쉽게 전달하겠다는 사명감으로 썼다고 하는데, 많이 팔리기는 했지만 수식을 거의 다 뺐는데도 대중이 읽기는 쉽지 않습니다.

그래서 생겨난 게 '호킹 지수'라는 재미있는 지표입니다. 호킹 지수는 책의 전체 페이지 수를 100페이지라고 가정했을 때 실제로 읽은 페이지를 나타내는 숫자입니다. 집 책꽂이에 〈시간의 역사〉 책을 사다 꽂아둔 사람은 많지만 실제로 읽은 사람은 거의 없다는 점 때문에 만들어진 지표죠. 유명한 벽돌 책들을 다들 구매하지만 정작 완독하신 분들이 드문 것처럼요. 참고로 〈시간의 역사〉의 호킹 지수는 6.6입니다. 사람들이 100페이지 중에서 6페이지까지밖에 안 읽었다는 거예요.

그래도 호킹은 생전에 〈블랙홀〉과 〈호두껍질 속의 우주〉를 포함해 약 20권의 책을 펴냈습니다. 몸이 불편했던 걸 감안하면 정말 대단한 성과죠. 과연 이런 호킹 박사의 열정은 어디서 샘솟았는지, 도대체 어떤 동기가 있었길래 그렇게 연구에 매진할 수 있었는지 그의 인생을 한번 자세히 들춰보겠습니다.

루게릭병에 걸린 엘리트 학생

스티븐 호킹은 1942년 1월 8일, 갈릴레오 갈릴레이가 사망한 지 딱 300년이 되던 날 태어났습니다. 갈릴레오도 우주를 연구한 과학자였으니 출생부터 굉장히 특별한 느낌입니다. 하지만 정작 호킹은 그날 태어난 아기가 나 말고도 20만 명쯤은 될 거라면서 딱히 의미 부여를 하지 않았어요.

호킹은 엘리트 부모님 사이에서 태어났습니다. 아버지는 기생충을 연구하는 의사였고, 어머니는 그 당시 여성으로는 드물게 대학을 나온 분이었습니다. 아버지와 어머니 둘 다 옥스퍼드대학을 졸업했죠. 그래서 어릴 때 집안 분위기가 상당히 지적이고 학구적이었다고 합니다.

재미있는 점은 호킹이 아버지와 진로 갈등이 있었다는 거예요. 갈릴레오, 다윈 등의 과학자들도 부모님이 아들이 의사가 되길 바라서 갈등을 겪었다고 말씀드렸죠? 호킹의 아버지도 마찬가지였습니다. 의대를 가라고 하셨죠.

하지만 호킹은 수학을 좋아했습니다. 그래서 아버지를 설득해서 옥스퍼드대학 물리학과에 진학했죠. 부모님 학교의 후배가 된 겁니다. 입학 당시 17세였는데, 장학금을 받고 입학할 정도로 성적이 좋았습니다. 대학 시절 호킹은 우리가 아는 이미지와 다르게 스포츠 활동을 열심히 했습니다. 경주용 보트를 타고 속도 경쟁을 하는 '조정' 스포츠에서 호킹은 맨 앞에서 명령을 내리는 키잡이로 활약했습니다. 여학생들한테 인기가 많은 역할인 만큼 그야말로 인싸 같은 학교생활을 했습니다.

사실 이때까지만 해도 호킹이 공부를 열심히 하진 않았습니다. 당시 옥스퍼드에서는 공부 열심히 하는 것보다 노력하지 않고도 잘하는 천재들을 높이 평가했다고 합니다. 그래서 호킹도 하루에 1시간 정도만 공부했다고 하죠.

이렇게 행복한 대학 생활을 보내다가 졸업할 때쯤 호킹은 공무원 시험에 도전했습니다. 그런데 합격하지 못했습니다. 시험에 응시하지 않았거든요. 시험에 지원해 놓고 날짜를 잊어서 시험을 못 보러 간 거예요. 어이없는 에피소드이긴 하지만 만약 합격해서 공무원이 됐다면 과학자로서의 호킹이 없었을지도 모르니, 천문우주학계에는 참 행운이었죠.

공무원이 되지 못한 호킹은 대학원에 갔습니다. 영국의 케임브리지대학에 간 호킹은 우주론과 일반상대성이론을 공부했습니다. 그때는 그 분야에서 아직 밝혀낼 거리가 많던 때라 호킹의 관심을 끌었거든요. 호킹은 당시 가장 저명한 천문학자 프레드 호일Fred Hoyle을 지도 교수로 신청했습니다. 호일은 빅뱅이라는 말을 만든 분이죠. 하지만 안타깝게도 호킹은 데니스 시아마Dennis Sciama라는 다른 교수를 배정받게 됩니다. 그런데 아이러니하게도 이 시아마 교수 덕분에 많은 업적을 남길 수 있었다고 합니다. 시아마 교수가 프레드 호일보다 시간이 많다 보니 호킹을 더 열심히 지도할 수 있었죠.

그렇게 탄탄대로일 것만 같던 호킹의 인생에 큰 변곡점이 찾아옵니다. 대학을 졸업할 때쯤부터 움직임이 자꾸 느려지고 몸이 예전 같지 않았습니다. 그래서 병원에 가니 맥주를 끊으라는 이야기만 들었죠.

그런데 케임브리지대학으로 옮긴 뒤 얼마 지나지 않아서 호킹에게 돌이킬 수 없는 사건이 생겼습니다. 가족들과 호수에 스케이트를 타러 갔는데 쫘당 넘어진 겁니다. 바로 그 순간 이후로 호킹은 스스로 일어설 수가 없게 됐습니다. 정밀검사를 받으니 루게릭병이라는 진단이 내려졌죠. 불치병이며 앞으로 2년밖에 살 수 없을 거라는 말도 들었습니다. 고작 21세밖에 안 된, 앞날이 창창한 호킹에게 큰 충격일 수밖에 없었죠.

호킹은 한동안 마음의 문을 닫고 방황했습니다. 그런데 이런 호킹을 180도 바꿔준 사람이 있었습니다. 바로 여자친구인 제인 와일드Jane Wilde였어요. 제인은 호킹이 불치병에 걸린 걸 알고도 함께하기로 합니다. 그래서 호킹은 그녀와 결혼하기 위해 그전과는 다르게 의욕적으로 삶을 살아가기 시작했습니다. 직장을 구해서 케임브리지대학의 연구원이 됐고, 결국 1965년 제인과 결혼에 성공했습니다. 그 후 제인과 세 아이를 낳고 한동안 행복한 결혼 생활을 했죠. 사랑의 힘으로 호킹은 그에게 남아 있다고 했던 2년이 지나도 사망하지 않았고 그 후로 50년을 살았습니다. 두 사람의 러브스토리는 〈사랑에 대한 모든 것〉이라는 영화에 자세히 나옵니다. 에디 레드메인Eddie Redmayne이라는 배우가 호킹을 연기했는데 실제 인물과 매우 흡사합니다. 호킹도 직접 촬영장에 가서 배우들을 만났죠.

하지만 병이 진행되면서 종이와 연필도 사용할 수 없었기 때문에 오직 생각하는 힘만으로 머릿속에서 우주론을 만들어 나갔습니다. 호킹이 남긴 중요한 업적은 대부분 블랙홀에 관한 것들입니다. 지금부터는 블랙홀에 대한 이야기를 시작해 보겠습니다.

블랙홀의 정체는?

우주라는 공간에는 매력적인 것들이 참 많습니다. 블랙홀도 단연 그중 하나죠. 신비롭기도 하고, 아직까지 밝혀지지 않은 게 많은 미지의 존재라서 그런 것 같습니다.

우선 블랙홀의 정체가 뭘까요? 이름 그대로 우주에 있는 검은 구멍일까요? 그렇지 않습니다. 원래 이름도 블랙홀이 아니라 '어두운 별' '다크스타' 등의 이름으로 불렸습니다. 지금의 블랙홀이라는 이름은 빛조차 빠져나올 수 없는 곳이라는 걸 직관적으로 알려주려고 20세기 중반에 존 휠러John Wheeler라는 물리학자가 만든 이름입니다. 블랙홀의 진짜 정체는 구멍이 아니고 죽은 별입니다. 그런데 모든 별이 죽어서 블랙홀이 되는 건 아니고, 질량이 아주 큰 별들만 블랙홀이 될 수 있습니다.

별이 어떻게 블랙홀이 되는지 간단하게 설명해보겠습니다. 우주 공간에 존재하는 물질들이 서로의 중력으로 뭉쳐지면서 별이 태어납니다. 별은 자기 자신의 무게 때문에 중심으로 계속 눌러서 안으로 꺼지려고 하죠. 이때 별 내부는 온도와 압력이 엄청나게 커지면서 내부의 연료를 태워서 밖으로 밀어내는 힘을 만듭니다.

그런데 이 에너지가 다 소실되면 중력을 이길 힘이 사라집니다. 그러면 질량이 큰 별들이 중력에 의해서 붕괴하면서 폭발을 일으킵니다. 폭발하는 별은 너무 눈부시게 빛나서 '초신성'이라고 부릅니다.

그런데 태양보다 질량이 20배 이상 큰 별은 중력이 너무 커서 폭발이 일어난 후에도 붕괴를 멈추지 않고 한 점으로 뭉쳐집니다. 더 이상 압축될 수 없는 한계까지 한 점으로 압축되는데, 이게 바로 블랙홀입니다.

정리하면 질량이 아주 큰 별은 눈부시게 폭발하면서 죽음을 맞이하는데, 질량이 너무 크면 그 후에 블랙홀이라는 죽은 별이 되는 거죠. 블랙홀이라는 말은 비교적 최근에 쓰기 시작한 표현인데, 블랙홀의 개념이 처음 등장한 건 약 250년 전입니다. 1784년에 영국에서 지질학과 천문학을 연구하던 존 미첼(John Michell)이 최초로 블랙홀을 상상했죠.

미첼은 실제로 실험을 하기 어려워서 머릿속으로 하는 실험인 '사고 실험'을 했습니다. 우리가 공을 위로 던지면 중력 때문에 공이 땅으로 떨어지죠. 그런데 지구의 중력을 상쇄할 정도로 빠른 속도로 던지면 공이 지구를 벗어날 수도 있습니다. 이렇게 어떤 천체의 중력을 이기고 탈출할 수 있는 최소한의 속도를 '탈출 속도'라고 합니다.

만약 어떤 천체의 중력이 너무 강해서 탈출 속도가 빛의 속도보다 빨라야 한다면 어떻게 될까요? 빛도 이 천체를 빠져나올 수 없겠죠. 강력한 중력 때문에 다시 끌려 들어갈 테니까요. 이렇게 빛이 천체의 표면에서 탈출하지 못하니까 우리는 이 천체를 볼 수 없고, 검게 보이게 됩니다. 미첼은 이렇게 빛을 내지 않는 별이 존재할 가능성을 제기하며 이 별을 '암흑성(다크스타)'이라고 불렀습니다.

하지만 안타깝게도 그 당시에는 헛소리 취급을 받았습니다. 또 그 당시에는 과학이 이런 아이디어를 이론적으로 탄탄하게 뒷받침할 정도로 발달하지 않았기 때문에 완성되지 않은 블랙홀 개념이기도 했습니다.

그렇게 거의 200년 동안 블랙홀 관련 논의에도 별 진전이 없었는데, 획기적인 도약이 일어납니다. 바로 인류의 위대한 과학자 아인슈타인 덕분이었죠. 1915년에 아인슈타인이 일반상대성이론을 발표하면서 미첼이 살던 뉴턴의 세계와는 또 다른 세계의 문이 열렸거든요. 뉴턴은 시간과 공간은 별개의 것이고, 중력은 질량을 가진 것들끼리 서로 끌어당기는 힘이라고 했는데요. 아인슈타인은 시공간은 연결돼 있고 중력은 잡아당기는 힘이 아니라 휘어진 시공간 때문에 나타나는 현상이라는 이론을 내놓은 거예요. 좀 쉽게 말씀드리면, 질량이 큰 물체를 떠올려 보세요. 예를 들어서 고무로 된 판 위에 무거운 공을 올려놨다고 합시다. 공이 무거울수록 고무판도 더 내려앉겠죠. 이런 것처럼 질량이 큰 물체 때문에 공간이 휩니다.

그런데 여기에 빛이 나타났다고 생각해 봅시다. 일직선으로 뻗어 나가는 빛도 공간을 따라 휘겠죠. 빛의 속도는 어디에서나 같기 때문에 이렇게 휜 공간에선 빛이 더 긴 거리를 이동하게 되고요. 시간은 거리를 속도로 나눈 것이기 때문에 빛이 더 긴 거리를 간다는 건 시간도 더 느려진다는 뜻이 됩니다.

그런데 만약 천체의 질량이 너무 극단적으로 크다면 빛이 휜 시공간에서 천체 주변을 빠져나오지 못하고 갇혀버릴 정도가 됩니다. 이게 바로 블랙홀인 거죠. 하지만 정작 아인슈타인은 블랙홀이 실재할 수 있다는 점에선 회의적이었어요.

아인슈타인이 만든 일반상대성이론에서 블랙홀이 존재할 수 있다는 주장을 이끌어낸 사람은 독일의 천문학자인 칼 슈바르츠실트Karl Schwarzschild였습니다. 아인슈타인도 풀지 못했던 중력장 방정식을 풀었더니 질량이 큰 별을 한 개 이상으로 압축하면 빛조차 탈출하지 못하는 공간이 생긴다는 결과가 나왔거든요. 따라서 이론적으로는 블랙홀이 있을 수 있다고 계산에 성공하긴 했지만, 사실 과학자들은 블랙홀이 실제로 있을 거라고 믿지는 않았어요. 빛을 내지 않아 관측되지도 않았거든요.

그런데 1964년 블랙홀로 추정되는 최초의 천체가 발견되면서 판이 뒤집혔습니다. 바로 백조자리에서 발견된 Cygnus X-1이라는 천체였죠. 블랙홀은 가까운 별에서 가스를 흡수하면서 강력한 엑스선을 방출하는데, 이 엑스선을 관측해서 발견한 겁니다. 블랙홀이 안 보이니까 주변에서 일어나는 현상을 관찰한 거죠. 하지만 엑스선이기 때문에 우리 눈으로 직접 볼 수는 없었습니다.

그러다 최근에서야 인류 최초로 블랙홀의 사진을 찍는 데 성공했습니다. 물론 블랙홀은 빛조차 빨아들이기 때문에 엄밀히 말하면 블랙홀의 그림자를 찍은 것인데요. 2019년 4월 10일, 처녀자리에 있는 M87이라는 은하 중심에서 블랙홀을 촬영한 겁니다. 이 블랙홀은 지구에서 5500만 광년 떨어져 있고 질량은 태양의 약 65억 배입니다. 크기도 매우 커서 이 블랙홀 안에 태양계가 일렬로 4개가 들어가고도 남을 크기였어요. 고도로 압축된 것만으로도 이렇게 큰 크기라는 겁니다.

블랙홀의 그림자를 도대체 어떻게 찍었을까요? 전 세계에 분포된 여러 전파 망원경을 연결해서 지구만한 가상의 망원경을 만들어서 관측한 겁니다. 전파 망원경은 다른 망원경과 달리 퍼즐 조각을 모으듯이 데이터를 모아서 처리하기 때문에 먼 거리에 망원경을 많이 모

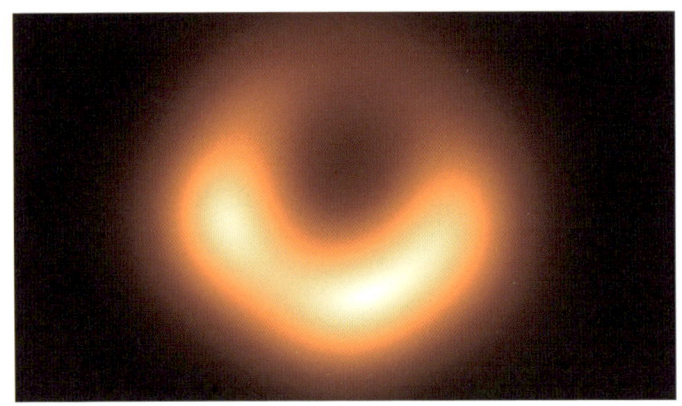

▲ 2019년 관측된 M87 은하 중심의 블랙홀

을수록 좋은 사진을 얻을 수 있죠. 그렇게 관측된 총 용량이 5페타바이트였는데, 우리가 잘 아는 단위인 기가바이트로 환산하면 500만 기가바이트입니다. 웹하드로 데이터를 보내도 너무 오랜 시간이 걸려서 각 관측소의 하드디스크를 항공기로 옮겨서 합칠 정도였죠. 이런 어려운 과정을 거쳐서 인류가 상상 속에서만 존재하던 블랙홀을 실제로 보는 데 성공한 거예요.

지금 떠올려도 현실 같지 않은 경이로운 사건이었습니다. 저도 블랙홀의 사진을 처음 공개하던 쇼케이스 순간이 잊히지 않는데요. 머나먼 여정 끝에 블랙홀의 그림자가 모습을 드러냈을 때 집에서 저도 모르게 기립박수를 쳤죠.

이렇게 블랙홀을 실제로 관측하게 되면서 우리가 여태까지 이론적으로 쌓아 올린 지식들이 실제와 꽤 많이 맞아떨어지는 감동을 경험하게 됩니다. 그중 하나가 사건의 지평선 근처의 어두운 그림자를 실제로 확인한 건데요. 사건의 지평선은 한마디로 블랙홀과 바깥 세계가 만나는 경계입니다. 이 경계 바깥으로는 빛이 빠져나갈 수 없습니다. 그리고 블랙홀 안에서 일어나는 어떤 현상이나 사건도 경계 바깥에서는 보이지 않죠. 우리가 땅과 하늘의 경계인 지평선 너머로 아무것도 볼 수 없는 것과 비슷합니다.

또 여러분이 블랙홀과 관련해 궁금해하는 것이 또 있습니다. 만약 우리가 우주선을 타고 우주의 개미지옥인 블랙홀에 뛰어든다면 어떻게 될까요? 우선 우리 몸이 마치 국수처럼 양쪽으로 점점 늘어납니다. 그리고 블랙홀의 중심으로 갈수록 중력에 당기는 힘이 강하게 작용해서 몸이 끔찍하게 변합니다. 크기가 작은 블랙홀에 뛰어들수록 더 빨리 찢어지죠. 만약 미래에 우주여행을 하게 된다면 블랙홀은 잘 피해서 가는 게 좋겠습니다. 블랙홀을 만나기도 쉽지 않지만요.

또 지구도 언젠가 죽으면서 블랙홀이 될 수 있지 않을지 다들 궁금해하는데요. 결론부터 말씀드리면 그럴 가능성은 거의 없습니다. 블랙홀이 가능하려면 태양보다 훨씬 더 무겁고 큰 별이어야 합니다. 천체 자체의 중력이 그만큼 강해야만 가능한 거죠. 그러니 지구가 블랙홀로 변할까 봐 걱정할 필요는 없습니다. 지구가 블랙홀이 되려면 반지름이 1센티미터 정도 되는 공간에 지구를 압축시켜 넣어야 하는데, 그렇게 할 수 있는 물리적인 방법이 없어요.

블랙홀의 존재를 증명하다

이제 다시 스티븐 호킹 이야기로 돌아오겠습니다. 호킹이 블랙홀

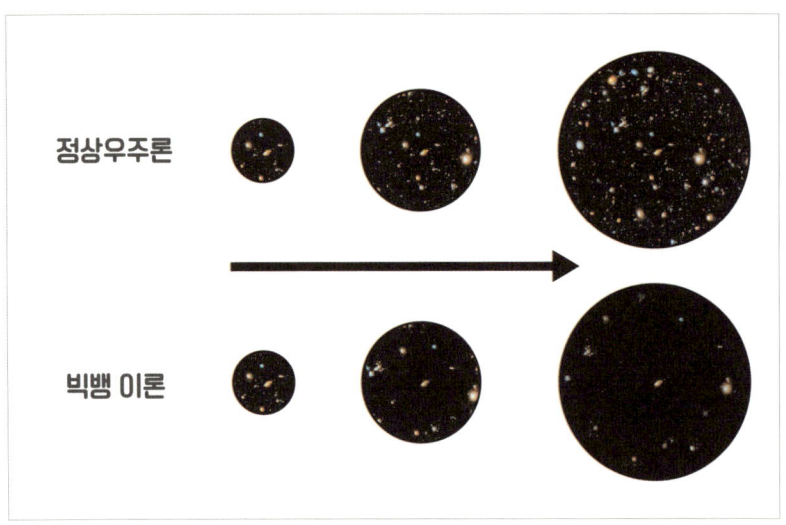
▲ 정상우주론과 빅뱅 이론

을 포함해서 우주 연구의 대가라고 말씀드렸죠. 호킹은 케임브리지 대학에서 박사학위를 받기 전부터 유명했습니다. 1966년에 저명한 물리학자였던 프레드 호일을 정면으로 반박하는 연구를 내놨거든요. 프레드 호일은 호킹이 처음 케임브리지대학에 왔을 때 지도교수로 삼고 싶어 했던 분이죠.

대체 호킹이 어떤 반박을 했을까요? 1960년대 초반에는 우주론의 관심사가 '우주의 시작이 있느냐'였어요. 여기에 정상우주론과 빅뱅 이론이라는 두 가지 이론이 대립하고 있었습니다. 정상우주론은 시작점이 없이 예나 지금이나 항상 같은 모습 그대로 있었다는 주장입니다. 프레드 호일이 주장한 이론인데, 그때까지만 해도 이 이론이 주류였죠. 반대로 빅뱅 이론은 우주엔 시작점이 있으며 뜨겁고 밀도가 높은 하나의 점이 폭발하면서 우주가 만들어졌다는 주장입니다.

이게 지금 우리가 알고 있는 우주의 탄생 이론이죠.

호킹은 어떻게 생각했을까요? 호킹은 프레드 호일과 다르게 우주는 어느 한 점에서 시작했을 거라는 빅뱅 이론을 지지했습니다. 그때 호킹은 로저 펜로즈Roger Penrose라는 수리물리학자와 친했는데, 펜로즈가 증명한 특이점 정리를 보고 우주의 시작점에 대한 힌트를 얻었거든요. 특이점은 엄청난 중력을 가지고 있어서 시공간을 포함한 모든 것이 사라지는 우주 공간의 한 점을 말합니다. 펜로즈는 별들 중 자신의 중력으로 인해서 급격히 작아지다가 결국 사라지는 것들이 있는데 이 사이에 형성된 특이점이 블랙홀이 된다는 걸 증명했습니다. 블랙홀의 존재를 아직 믿지 않던 시기에 블랙홀이 실제로 형성될 수 있다는 걸 수학적으로 증명한 겁니다. 아까 블랙홀을 수학적으로 최초로 증명한 사람이 독일의 칼 슈바라츠실트라고 말씀드렸는데요. 로저 펜로즈가 한 건 블랙홀이 단지 수학적인 답에 그치는 게 아니라 물리적으로 실제 존재할 수 있는 천체임을 밝혀냈다는 거예요. 블랙홀이 일반적이고 현실적인 결과물이라는 걸 수학적으로 증명한 겁니다. 그래서 펜로즈는 2020년에 노벨물리학상을 수상했습니다.

호킹은 펜로즈의 연구를 보고 '블랙홀에 특이점이 있다면 우주도 특이점으로부터 시작되지 않았을까'라고 생각했습니다. 호킹의 연구에 의하면 우주와 블랙홀은 닮아 있었거든요. 이를 증명하기 위해 호킹은 펜로즈의 이론을 시간을 거꾸로 해서 생각했습니다. 아인슈타인의 일반상대성이론과 에드윈 허블의 관측 결과에 따르면 우주는 계속 팽창하고 있습니다. 시간을 되돌리면 우주도 점점 작아질 거라는 거죠. 우주가 점점 수축하고 수축하다가 결국 단 하나의 점으로 모일 거라는 생각을 한 거예요. 호킹은 이걸 펜로즈와 함께 계산해서 우주의 시작점인 특이점이 존재한다는 걸 수학적으로 증명해냈습니다.

호킹은 이 내용을 1966년에 박사학위 논문으로 발표했고, 펜로즈와 함께 더 발전시켜서 1970년 호킹 펜로즈 특이점 정리를 발표했습니다. 이렇게 호킹은 우주의 시작점이 있다는 빅뱅 이론의 강력한 근거를 만들어내면서 프레드 호일의 정상 우주론을 제대로 반박했습니다. 우주의 탄생을 설명하는 빅뱅 이론에 호킹이 크게 기여한 거죠.

과학을 좋아하시는 분들은 빅뱅 이론과 관련해서 조르주 르메트르나 에드윈 허블, 펜지어스 윌슨을 주로 떠올리는데, 하나의 이론을 완성해 나가는 과정에는 보통 이렇게 수많은 사람의 손이 닿아 있습니다. 우리 호킹 박사님도 여기에서 역할을 했다는 걸 기억해 두면 좋겠죠.

특이점 정리로 유명세를 얻은 호킹은 이제 본격적으로 블랙홀을 연구하게 됩니다. 그리고 1974년에 호킹을 대스타로 만든 대단한 업적을 내놓는데요. 바로 '호킹 복사'입니다. 제가 앞에서 말씀드렸듯이 블랙홀은 빛을 포함한 모든 것을 빨아들이죠. 호킹이 이 연구를 하기 전까지만 해도 블랙홀에 한번 들어간 물질은 절대 빠져나올 수 없다고 알고 있었습니다. 그런데 호킹이 이를 뒤집는 연구를 내놓았죠. 블랙홀에서도 빠져나오는 게 있다는 겁니다. 블랙홀 밖으로 입자와 에너지가 방출된다고 한 거예요.

이런 현상을 호킹의 이름을 따서 '호킹 복사'라고 합니다. 복사는 난로가 열을 내보내는 현상처럼 빛이나 열이 나오는 걸 말합니다. 그래서 호킹은 우리가 아는 것처럼 블랙홀이 완전히 검지는 않다고 주장했습니다. 빛이 조금씩 방출되고 있는 것처럼 보이기 때문이죠.

그럼 호킹 복사는 왜 일어나는 걸까요? 꽤 어려운 이론인데, 아주 간략하게만 설명하겠습니다.

양자역학에 의하면 입자와 반입자라는 쌍이 계속 생겼다 사라졌다 하는데요. 이 쌍이 블랙홀 가까이에서 생겼을 때 하나가 블랙홀에 빨려 들어가면 나머지 하나가 짝을 잃어버리고 블랙홀 밖으로 날아간다는 거예요. 그렇게 밖으로 방출된 입자가 호킹 복사가 되는 겁니다.

이 이론이 왜 과학계에 충격을 불러왔을까요? 그전까지 블랙홀은 계속 물질을 빨아들이기만 하기 때문에 질량이 점점 더 늘어난다고 알려져 있었어요. 그런데 호킹은 블랙홀에서 입자가 계속해서 방출될 수 있기 때문에 블랙홀은 필연적으로 점점 작아지게 되고, 언젠가는 사라질 수 있다는 아이디어를 제시했습니다. 그래서 호킹 복사를 '블랙홀 증발 이론'이라고 부르기도 합니다.

다만 블랙홀이 정말 증발하는지는 아직까지 관측되지 않았습니다. 호킹 복사를 통해서 블랙홀의 질량이 줄어들려면 우리가 아는 우주의 나이보다도 긴 시간이 필요하거든요. 즉 호킹 복사는 어디까지나 이론적으로 접근하는 수준입니다.

어쨌든 기존의 블랙홀에 대해 알고 있던 것들을 뒤집은 호킹 복사는 호킹을 물리학계의 스타로 만들어줬습니다. 이게 정말 엄청난 아이디어인 이유는, 상상할 수 없을 만큼 거시적인 천체인 블랙홀에 눈에 보이지 않는 미시 세계의 양자역학을 접목한 혁신적인 발상이었기 때문이에요. 세상에 존재하는 가장 거대한 것과 가장 작은 것을 조합한 연구는 세상에 큰 충격을 줍니다. 호킹은 이 연구로 32세에 세계 최고의 과학 학술 모임인 영국 왕립학회의 최연소 회원으로 선출됐습니다. 그 후로도 과학계의 커다란 상들을 휩쓸게 되죠. 근데 여담으로 호킹은 노벨상은 타지 못했습니다. 노벨상은 돌아가신 분들에게는 상을 주지 않고, 실험적인 증거가 발견돼야 상을 주는 경향이 있거든요. 호킹의 연구처럼 검증 자체가 쉽지 않은 분야는 수상하기 불리한 면이 있다고 볼 수 있는 거죠.

그런데 호킹 복사는 큰 주목을 받은 동시에 커다란 논란을 가져왔습니다. 호킹 복사가 양자역학의 중요한 원칙을 거스르기 때문입니다. 양자역학에 따르면 정보보존법칙이라는 게 있는데, 여기서 정보란 어떤 입자의 특징에 대한 정보를 말합니다. 인간이 DNA라는 정보를 갖고 태어나듯이 입자도 자신에 대한 정보를 갖고 있습니다. 정보보존법칙에 따르면 입자가 가진 정보는 절대로 사라지지 않죠. 서로 합쳐지고 분리돼도 그 정보는 사라지지 않고 영원합니다.

그런데 블랙홀은 그 특성상 우리가 알 수 있는 정보가 많지 않습니다. 당연히 거기에 있는 입자가 가진 정보도 확인되지 않겠죠. 그래서 그때까지 과학자들은 '블랙홀이기 때문에 우리가 알 수 있는 게 적을 것뿐이지, 모든 물질과 정보는 블랙홀 속에 존재하고 있을 거야. 사건의 지평선에 가려져서 보이지 않는 것뿐이야'라고 믿고 있었습니다.

그런데 호킹이 아주 충격적인 이야기를 했습니다. 블랙홀에 들어간 정보들은 손실되고 사라지며, 방출되는 호킹 복사는 에너지만 가질 뿐 정보는 없다는 겁니다. 과학계는 난리가 났습니다. 정보보존법칙이 깨지면 우주를 지배하는 물리 법칙이 무너지는 거거든요.

즉 모든 것은 상태가 변한다고 해도 정보는 지워지지 않고 역으로 재현이 가능해야 하고, 그 과정이 어려울 수 있지만 불가능하지는 않아야 하는데요. 블랙홀에 들어간 정보가 영원히 사라진다는 건 블랙홀이 일종의 지우개 역할을 하는 천체인 거예요. 우주의 무언가를 완전히 제거해 버리는 지우개라니!

양자역학적으로 모든 정보는 보존되어야 합니다. 예를 들어 의자가 있습니다. 이걸 물리적으로 부숴도 다시 고치면 원래 의자가 되겠죠. 의자를 태우더라도 타고 남은 입자들을 잘 모아서 결국 원래 의자로 바꿀 수 있습니다. 물론 입자 수준으로 다시 배열해야 하고 에너지가 많이 드는 작업이겠지만 가능한 일이죠.

그런데 블랙홀로 의자를 던지면 의자라는 존재 자체가 증발하고 원래 의자로 복원할 수 없다는 겁니다. 이건 양자역학이라는 우주의 가장 근본적인 법칙이 깨지는 상황인 거예요. 이론 전체가 무너지거나 수정되어야 한다는 말이죠. 여기서 생기는 딜레마를 블랙홀 정보 역설information paradox이라고 합니다.

그래서 레너드 서스킨드Leonard Susskind라는 미국의 이론 물리학자가 이를 정면으로 반박했습니다. 서스킨드와 호킹은 무려 20년 동안 격렬한 논쟁을 벌였는데요. 서스킨드의 주장은 블랙홀에 떨어진 정보가 블랙홀의 경계면인 사건의 지평선에 저장될 가능성이 있다는 거였습니다. 둘의 대결은 어떻게 끝났을까요? 결국 2004년에 호킹이 자신의 주장을 철회하고 논문을 수정했습니다. 블랙홀에 들어간 정보가 뭉개진 형태로 다시 나올 수도 있다고 주장을 바꾼 거예요. 그리고 레너드 서스킨드는 2008년에 이 논쟁을 담은 책 〈블랙홀 전쟁〉을 출간하기도 했습니다. 그 후로 호킹은 2014년에 한 번 더 논문을 수정하기도 했죠.

사실 블랙홀의 정보 역설은 50년 가까이 연구됐지만 여전히 답을 내리지 못했습니다. 호킹도 생전의 역설을 풀지 못했고요. 그 뒤로 많은 과학자들이 문제에 매달렸지만 여러 가설만 나오고 명확한 해답은 나오지 않았습니다. 그만큼 엄청나게 어렵다는 거죠. 지금의 현대 물리학은 결국 정보가 보존될 것이라는 방향으로 가고 있긴 하지만, 누군가 더 명확한 해석을 내놓는 사람이 있다면 노벨물리학상을 받을 수 있지 않을까요? 독자 여러분도 이 문제에 대해 고민해 보면 좋겠습니다.

타임머신을 타고 과거로 갈 수 있을까?

호킹은 블랙홀 연구뿐만 아니라 타임머신이나 외계인, 인공지능 같이 대중들이 좋아하는 주제에 대해서도 의견을 많이 냈습니다. 앞서 호킹이 미래에서 온 시간 여행자를 초청했는데 아무도 오지 않았다고 말씀드렸는데요. 호킹은 우리가 미래로 가는 건 어쩌면 가능할 수도 있지만, 미래에서 과거로 오는 건 절대 불가능하다고 생각했어요.

하지만 과거로 가는 시간 여행이 가능하다고 생각한 과학자들도 있습니다. 대표적인 분이 미국의 물리학자 킵 손Kip Thorne입니다. 킵 손은 영화 〈인터스텔라〉의 자문을 맡았던 분인데, 호킹과 절친한 물리학자이기도 합니다. 킵 손은 우주에 있는 가상의 통로인 웜홀을 통해서 과거로 갈 수 있다고 주장했어요. 웜홀은 우주에 휘어진 3차원의 공간을 이어주고 있죠. 빛은 우주 공간을 따라 직선으로 달리지만, 웜홀을 통하면 빛보다 빠르게 지름길로 여행할 수 있는 거죠. 마치 순간이동 하듯이 시공간의 두 지점 사이를 이동할 수 있는 거예요.

하지만 우주의 웜홀이 실제로 존재한다는 증거는 없고, 아직까진 이론적으로만 존재하는 개념이죠. 호킹은 여러 가지 근거를 들어서 과거로의 시간 여행이 불가능하다고 주장했는데, 그중 '할아버지의 역설'이 재미있습니다. 할아버지의 역설은 다음과 같습니다.

> 당신이 과거로 돌아가서 당신의 할아버지를 죽게 만든다고 합시다. 할아버지가 당신의 아버지를 낳기 전에 죽게 만드는 거예요. 그러면 어떻게 될까요? 과연 당신이 현재 존재할 수 있을까요? 당신의 아버지가 태어나지도 않았는데 이렇게 당신이 존재하지 않게 된다면 당신은 과거로 돌아가서 당신의 할아버지를 죽게 만들 수 없을 겁니다.

내가 과거로 가서 내 조상을 죽였다면 나는 존재해선 안 된다. 이게 바로 시간 여행이 가능할 때 생길 수 있는 논리적 모순이라는 겁니다.

시간 여행 말고도 또 흥미로운 이야기가 있습니다. 호킹은 생전에 두 가지를 경고했는데, 그 두 가지가 SF영화의 단골 소재이기도 합니다. 먼저 호킹은 외계 생명체와 접촉하지 말라는 말을 남겼습니다.

호킹은 지적 능력을 가진 외계 생명체가 분명히 존재할 것이라고 믿는 사람이었습니다. 저도 그렇습니다. 하지만 호킹은 외계 지적 생명체와 접촉하는 건 가급적 피하라고 말했어요. 외계 생명체가 우리에게 친절할 거라는 보장이 없다는 거죠. 오래전에 콜럼버스가 아메리카 땅을 발견하고 나서 원주민들의 문명을 파괴했듯이, 외계 생명체도 지구를 발견하면 똑같은 짓을 저지를 수도 있다고 주장한 겁니다. 일리 있는 이야기죠.

또 호킹은 인공지능 기술이 인류 문명사에서 최악의 사건이 될 수 있다고 여러 번 말했어요. 기계가 인간의 지능을 뛰어넘을 수도 있고, 강력한 AI 무기가 등장할 뿐 아니라 경제 체제가 완전히 무너질 수 있다고 경고했죠.

하지만 지금 우리는 호킹이 남긴 두 가지 경고를 다 무시하고 있습니다. 인류는 과연 어떻게 될까요? 호킹의 말에는 우리 인류가 한 번쯤 고민해야 할 지점이 담겨 있는 것 같습니다.

두 아내와 함께한 호킹의 말년

인류에게 이런 묵직한 질문을 던진 호킹은 전 세계를 다니며 활발히 활동했습니다. 러시아 과학자들과 토론하기 위해 모스크바를 방문했고요. 1985년에는 유럽 입자물리연구소인 CERN에 가기 위해 스위스에도 방문합니다. 그런데 여기서 아주 안타까운 일이 생겼습니다. 호킹이 폐렴에 걸린 겁니다. 이때 편도선 절제 수술을 했는데

다행히 목숨은 건졌지만 더 이상 목소리를 낼 수 없게 됩니다. 이때부터 컴퓨터에 연결해서 기계음으로 말을 하게 된 거죠.

호킹의 병이 악화되면서 가정에도 큰 변화가 찾아왔습니다. 호킹은 아내인 제인과 약 30년간 결혼 생활을 유지했지만 순탄하진 않았어요. 호킹이 호킹 복사로 유명해지면서부터 너무 바빠졌거든요. 제인은 결국 우울증에 걸려 혼자서 아이 셋을 돌보기 버거웠습니다. 그래서 집 안에 아이를 돌봐줄 남자를 들였습니다. 조너선이라는 남자가 일종의 입주 시터 같은 역할을 했는데, 조너선과 제인이 사랑에 빠져버립니다.

여기까지 들으면 제인이 나빴다고 생각하실 수 있는데요. 사실 호킹도 다른 여성과 사랑에 빠졌습니다. 자신을 간호한 간호사 중 한 명인 일레인과 사랑에 빠진 겁니다. 결국 호킹과 제인은 1995년에 이혼하고, 각자의 연인과 재혼했죠.

원만하게 이혼하고 각자 사랑을 찾았으니 해피엔딩인가 싶겠지만, 그렇지 않았습니다. 호킹의 두 번째 결혼 생활도 순탄하지 않았습니다. 호킹이 아내로부터 학대받고 있다, 땡볕에 방치했다 등 뉴스가 터져 나왔죠. 2004년에 호킹을 돌보던 의료팀에서 일레인이 호킹을 학대한다는 의혹을 폭로한 건데요. 일레인이 호킹을 상습적으로 폭행하고 날카로운 물건으로 상처를 입히기도 했다는 거예요. 실제로 실제로 호킹 박사의 몸에는 폭행 흔적이 있어서 가족들이 수사하기를 원했는데요. 정작 호킹 본인은 구타 사실을 부인했고, 수사도 원하지 않았습니다.

전문가들은 일레인이 관심을 끌기 위해 거짓말을 하는 정신질환을

앓고 있었고, 호킹에 관심을 끌기 위해서 호킹을 폭행한 거라고 추측했지만, 호킹이 침묵했기 때문에 확실히 밝혀진 사실은 없습니다.

하지만 호킹과 일레인은 2006년에 이혼했고, 그 후로 호킹은 쭉 홀로 지냈어요. 호킹은 나중에 자서전에서 일레인과의 결혼에 대해 이렇게 표현했습니다.

> 죽을 고비를 맞이했을 때 그녀가 나를 소생시키지 않았다면 나는 죽었을 것이다.
> 이 모든 위기들은 일레인에게 정서적으로 너무나 버거웠다.

남들이 모르는 호킹과 일레인 부부의 사연은 둘만의 비밀로 남게 됐습니다.

사실 호킹은 한국에 두 번이나 왔습니다. 1990년과 2000년에 강연을 하러 왔죠. 특히 2000년도에 청와대에서 했던 강연이 유명한데, 그때 이런 말을 남겼습니다.

> 루게릭병 진단을 받기 전까지 저는 의욕이 없고 삶도 지루하게 느꼈습니다.
> 하지만 때이른 죽음에 직면하면서 저는 놀라울 만큼 정신을 집중하게 되었습니다.
> 삶이란 좋은 것이고 하고 싶은 일도 많다는 것을 깨달았습니다.
> 저의 가장 큰 업적은 아직 살아있다는 것입니다.

살아있는 것 자체가 기적이라는 거죠. 살아가는 게 너무 버겁다고 느끼는 분들이 계신다면 호킹의 이 말을 듣고 힘을 얻으면 좋겠습니다.

호킹은 2018년 76세의 나이로 숨을 거뒀습니다. 나사는 트위터에 호킹에 대한 평가를 남겼습니다.

> 그의 이론은 전 세계가 연구하고 있는 우주의 가능성에 관한 빗장을 풀었다.

호킹은 행복하게 세상을 떠났을 것 같습니다. 그의 자서전 마지막에는 '내가 우주에 대한 우리의 지식에 무언가를 보탰다면 나는 행복하다'고 적혀 있거든요. 고작 '무언가'라고 표현하기엔 너무 큰 지식을 보태주었죠. 호킹 덕분에 인류는 우주와 블랙홀의 비밀을 한 겹 벗겨낼 수 있었습니다. 역경을 이겨내는 태도를 통해 인간의 노력에는 한계가 없다는 것을 몸소 보여주기도 했죠.

이제 자신이 사랑했던 우주로 떠난 호킹. 호킹이 블랙홀에 대해서 많은 것을 밝혀냈지만 아직도 블랙홀은 미지의 베일에 싸여 있습니다. 앞으로도 블랙홀에 대해 어떤 사실들이 밝혀질지, 여러분도 블랙홀 우주 과학에 쭉 관심을 가져주면 좋겠습니다.

세계에 남은
한국의 이름

이휘소
1935.01.01. ~ 1977.06.16.

우장춘
1898.04.08. ~ 1959.08.10.

벌써 마지막 강의입니다. 지금까지 여러 과학자를 소개해 드렸는데, 이분들의 공통점이 하나 있습니다. 주로 유럽이나 미국 출신이라는 거죠.
물론 서양에만 위대한 과학자들이 있는 건 아닙니다. 이슬람 문화권이나 일본, 인도 등 아시아에도 훌륭한 분들이 많죠. 마지막 강의에서는 한국이 낳은 자랑스러운 과학자들로 피날레를 장식해 보겠습니다.

노벨상 메이커 이휘소

1977년에 불의의 사고로 젊은 나이에 세상을 떠난 한 과학자가 있었습니다. 그가 남긴 연구를 발전시켜 노벨물리학상을 받은 사람이 7명이나 돼서 '노벨상 메이커'라는 별명도 붙었습니다. 그가 떠난 뒤 노벨물리학상을 받은 수상자들은 이런 말을 남겼습니다.

현대 물리학을 10여 년 앞당긴 천재. 벤자민 리가 있어야 할 자리에 내가 있어서 부끄럽다.
내가 노벨상을 받은 것은 벤자민 리의 공이다.
새로운 이론과 실험 결과들. 벤자민 리는 그 중심에 있었다.

이렇게 세계 굴지의 과학자들이 극찬한 물리학자 벤자민 리$_{Benjamin\ Lee}$. '리'라는 성에서 짐작하셨듯이 한국이 배출한 뛰어난 과학자인데요. 한국 출신의 과학자 중 가장 유력한 노벨물리학상 후보로 꼽혔던 이 사람은 오늘의 첫 번째 주인공 이휘소입니다.

보통 한국의 과학자 중에 어떤 분을 알고 있느냐고 물으면 답을 하기 어려워하시는 분들이 많습니다. '궤도'라고 대답하기도 하거든요. 감사하지만, 저는 지금은 과학자가 아니라 과학 커뮤니케이터입니다. 어떤 면에선 그만큼 한국의 과학자들이 많이 알려지지 않았구나, 싶어서 안타깝기도 해요. 그래도 이휘소 박사는 아마 성함을 들어보신 분들이 많이 계실 겁니다.

이휘소 박사는 1935년 일제강점기 대한민국에서 태어났습니다. 대학 때 미국으로 건너가서 30대에 미국 시민권을 취득하고 연구도 주로 미국에서 했습니다. 앞에서 많은 과학자들이 극찬을 했듯이 이휘소 박사는 굵직한 발자취를 여럿 남겼습니다. 특히 물리학의 근간인 표준 모형을 완성하는 데 크게 공헌했는데, 표준 모형은 물질을 구성하는 기본 입자와 이들 사이의 상호작용을 설명하는 이론입니다.

또 이휘소 박사는 생전 140편이 넘는 논문을 발표했고, 연구자들이 그의 논문을 인용한 횟수만 1만 4천 회가 넘는다고 합니다. 이론 물리학계의 교과서 같은 연구를 남긴 거죠. 그의 연구가 가진 중요성을 짐작할 수 있겠죠? 그럼 이휘소 박사가 어떻게 유력한 노벨상 후보라는 말까지 듣게 된 건지, 그의 인생을 자세히 들여다보겠습니다.

한국이 낳은 최고의 과학자

이휘소는 1935년에 서울에서 태어났습니다. 부모님은 의사였고, 뛰어난 머리를 닮았는지 이휘소도 어릴 때부터 영특했습니다. 이휘소의 아버지는 가난한 사람들에게 돈을 받고 의료 활동을 하는 것을 좋아하지 않아 개업하지 않았고, 주로 어머니가 생계의 주체였어요. 이휘소는 중고등학교를 수석으로 입학했는데, 10대 중반에 한국전쟁이 터졌습니다. 온 가족이 서울에서 마산으로 피난을 갔는데, 이때 아버지가 실족 사고로 돌아가셨습니다. 이휘소는 부산에 있는 학교로 하루 왕복 6시간씩 기차를 타고 통학하다가 결국 검정고시를 치르게 됩니다. 그렇게 수월하게 서울대 화공과에 수석으로 입학하게 되죠. 모든 시험이 이휘소에겐 쉬웠던 거예요.

그런데 당시엔 전쟁이 끝난 지 얼마 안 된 데다가 해방 후에 일본인 교수들이 빠져나가면서 대학에 교수진이 크게 부족했던 때입니다. 그 와중에 공대 학생이던 이휘소는 물리학에 흥미를 느꼈습니다. 물리학과로 전과하고 싶어 했지만, 상황이 여의치 않았죠.

그러던 차에 이휘소는 마침 미국에서 공부할 수 있는 장학생으로 선발됐습니다. 그래서 마이애미대학으로 가서 물리학을 공부할 수 있게 됐죠. 앞에서 말씀드린 '벤자민 리'가 그의 영어 이름이었습니다. 한국 물리학계의 유학 1세대죠. 이때부터 이휘소 박사의 미국 생활이 시작됐습니다.

이휘소는 미국에서도 두각을 나타내서 우등으로 학부를 졸업했고, 석사 과정으로 입학할 때도 장학금에 생활비까지 받았다고 합니다. 박사과정도 수석으로 입학했죠. 박사과정까지 마친 이휘소 박사는 한국으로 돌아갈지 미국에 남을지 깊이 고민하는데요. 당시 한국이 군사정권 시절이라 물리학 연구에 집중하기 어렵다고 판단해서 미국에 남게 됩니다. 그리고 세계 최고의 석학들이 모인 프린스턴대학의 고등 연구소로 가게 되죠.

프린스턴 고등연구소는 아인슈타인, 폰 노이만, 오펜하이머 등 당대 최고의 과학자들이 모인 연구 기관이었습니다. 이휘소 박사는 26세에 고등 연구소에 입성했죠. 여기까지 들으면 인생에 별 굴곡도 없고 타고나길 머리가 좋아서 탄탄대로를 걸었다고 생각하실 수 있는데요.

사실 이휘소 박사는 지독한 노력파이기도 했습니다. 동료 연구원들 사이에서는 '속옷이 썩은 사람'이라는 별명이 있었다고 합니다. 이는 이휘소 박사가 한번 자리에 앉으면 엉덩이를 떼지 않아서였다고 하죠. 사적인 모임도 가지 않고 옷 갈아입을 틈도 없이 밤낮없이 연구실에만 붙어 있었죠. 또 점심을 먹다가 갑자기 연구실로 사라지더니, 앉은 자리에서 이틀 만에 논문을 완성했다는 이야기도 있습니다. 과학에 중독된 수준이었죠.

보통 천재 중에는 괴짜도 많고 사회성이 떨어지는 사람도 심심치 않게 볼 수 있는데, 이휘소 박사는 달랐습니다. 천재 노력파인데 인성까지 좋았죠. 주변 사람들은 그를 사려 깊고 온화한 성격이었다고 평가했습니다. 항상 상대방에게 공정했고, 교수 시절에 제자들에게도 공정한 정신을 가질 것을 강조했다고 해요. 또한 천재임에도 불구하고 누구보다 쉽게 설명해 주는 능력이 있어서 교육자로서도 뛰어났다고 합니다.

프린스턴 고등 연구소로 올 무렵, 이휘소는 지도 교수의 소개로 말레이시아에서 태어난 중국인 여성 마리안을 만나게 되는데요. 이 둘은 1962년에 결혼식을 올리고 슬하에 1남 1녀를 뒀습니다. 지금까지 소개한 일 중독자 과학자들은 대부분 가정생활이 순탄치 않았죠. 그런데 이휘소 박사는 가족에게도 좋은 남편이자 아버지라는 평가를 받았다고 합니다. 상당히 가정적인 성격이었다고 해요.

마음은 늘 한국에

이쯤 되면 한국에서 태어났을 뿐이지 대부분의 과학적 업적을 미국에서 쌓은 분인데, 대한민국의 과학자라고 말하긴 좀 어렵지 않나 싶을 수도 있는데요. 이휘소는 미국에서 활동했지만 항상 한국의 상황에도 관심을 갖고 있었습니다. 특히 군사정권에 반감을 가지고 있었고 유신헌법에 반대한다고 주변 사람들에게 말하곤 했습니다. 정치인이 아닌 과학자가 이러한 반대 성명을 한 건 처음이었습니다.

또 이휘소는 한국의 기초과학 연구를 발전시키고 싶다는 마음이 강했습니다. 그렇게 1974년 9월, 한국을 떠난 지 20년 만에 잠시 귀국했습니다. 미국 국제개발처가 서울대 이공계를 지원하기 전에 타당성 조사 차원에서 파견된 거였죠. 조국의 과학 발전을 돕고 싶었던 이휘소는 서울대학교의 이공계 교육 증진 계획을 적극적으로 이끌어 냈습니다. 그 덕분에 미국 정부는 한국에 그 당시 기준으로 엄청난 금액인 800만 달러를 지원했죠. 이 금액으로 한국 대학에서 기자재를 구입하고 실험실을 확충할 수 있었습니다. 이휘소의 노력이 열악했던 1980년대 한국 대학원 수준을 향상한 거죠. 아마 이휘소가 요절하지 않고 연구를 지속했다면 한국 과학계와 더 많은 인연을 이어 갔을지도 모릅니다.

한편 희한하게도 이휘소가 박정희 전 대통령을 도와서 한국의 독자적인 핵무기를 개발하려고 했다는 소문이 돌았습니다. 하지만 이는 전혀 사실이 아닙니다. 특히 이휘소 박사는 핵무기에 반대하는 입장을 여러 번 밝힌 적이 있기도 합니다. "핵무기는 언젠가 반드시 없어져야 한다. 특히 독재가 행해지고 있는 개발도상국에서의 핵무기 개발은 결코 허용해서는 안 된다"라는 말을 남기기도 했습니다. 또 이휘소 박사는 입자 물리학을 연구했지, 핵물리학을 연구하지는 않았습니다.

그런데 왜 이휘소 박사가 군사정권의 핵무기 개발을 도왔다고 소문이 난 걸까요? 그건 바로 이휘소 박사 사후에 출판된 〈무궁화꽃이 피었습니다〉라는 책 때문이었습니다. 이휘소 박사를 모델로 한 소설로, 수백만 부가 팔린 베스트셀러가 됐습니다. 그런데 소설 속에서 주인공이 한국의 지하 실험실에서 핵 개발에 착수하고, 그의 사망도 미국 정부가 한국의 핵 개발을 막으려고 꾸민 일처럼 묘사된 거예요. 아시다시피 소설은 허구가 더해진 가상의 이야기죠. 그럼에도 실존 인물을 모델로 했다고 알려지자 사람들이 이를 현실처럼 받아들였습니다.

이 책이 유명해지면서 이휘소 박사에 대한 잘못된 이미지가 퍼져나갔고, 이휘소 박사의 유족들은 소설의 판매를 멈춰 달라는 소송을 제기했습니다. 고인의 명예가 훼손됐다는 거죠. 그런데 한국 법원은 유가족의 청구를 기각했습니다. 이 책 덕분에 국민들이 오히려 이휘소 박사를 존경할 수 있게 돼서 그의 명예를 높이는 데 기여했다는 이유였죠. 이 일로 유족들은 큰 괴로움을 겪었다고 알려져 있는데요. 명예에 목마른 인물도 아니었을뿐더러, 진짜 업적만으로도 충분히 인정받을 수 있는데 사실이 아닌 이유로 얻는 명예는 말이 안 된다고 생각했던 거죠.

그 후로 유가족들은 큰 상처를 입고 한국 언론과는 일절 접촉하지 않았다고 합니다. 참 씁쓸한 일이죠. 그리고 1986년에도 〈핵물리학자 이휘소〉라는 소설이 비슷한 내용을 다뤘는데요. 제목부터 틀렸는데 다행히 작가가 소설이 상당 부분이 허구라는 것을 인정하고 판매를 중단하고 유족에게 사과했다고 합니다. 아직까지도 이휘소 박사를 핵무기를 개발한 비운의 과학자로 알고 있는 사람들이 많은 걸 보면, 실존 인물을 모델로 삼는 작품은 상상력을 가미할 때도 좀 더 신중해야 한다는 생각이 듭니다.

이휘소 박사의 생애 후반부는 소설에 나올 만큼 드라마틱했습니다. 세계적인 물리학자로 입지를 굳혀가던 와중, 40대 초반의 젊은 나이에 사고로 갑작스럽게 세상을 떠났거든요. 고속도로에서 이휘소 차의 반대편에서 달리던 대형 트레일러가 고장 나면서 충돌 사고가 난 겁니다. 같이 타고 있던 아내와 아이 둘은 경상을 입었지만, 이휘소는 병원으로 옮겼음에도 숨지고 말았죠. 그 후 사망을 둘러싼 음모론이 퍼졌는데요. 그때 한미 관계가 대립적이었기 때문에 이휘소 박사의 사고가 의도된 것이라는 소문이 더더욱 불타올랐습니다. 미국 정부가 한국의 핵무기 개발을 막으려고 사고를 냈다는 거죠.

하지만 과학자들은 이런 사고를 설계하는 것은 불가능하다고 입을 모아 말하고 있습니다. 그럼에도 소문이 쉽게 사그라들지 않아서 2010년에 한국의 방송사에서는 이게 계획된 사고인지 실험까지 해봤습니다. 실험 결과 의도적으로 다른 차를 가격하는 게 불가능하다는 결론이 나왔죠. 전도유망한 과학자가 세상을 떠났으니 너무 안타까워서 사고라고 믿고 싶지 않은 것 아닐까요?

입자물리학의 기반을 다지다

이른 나이에 세상을 떠났지만, 이휘소 박사의 연구들은 세상에 남아 있습니다. 그럼 이휘소 박사는 대체 어떤 업적들을 남겼기에 세계적인 물리학자라고 불리는 걸까요?

우선 이휘소 박사는 입자물리학을 연구했습니다. 입자물리학은 우주를 이루고 있는 가장 기본 재료를 찾는 순수한 물리학 분야입니다. 그럼 대체 우주는 어떤 재료들로 이루어져 있을까요? 먼저 물질을 쪼개고, 쪼개고, 또 쪼개면 더 이상 쪼개지지 않는 작은 입자가 생기는데, 이것이 원자라는 게 19세기까지 과학자들의 생각이었는데요. 20세기가 지나면서 이 원자도 원자핵과 전자로 쪼개진다는 게 밝혀집니다. 이 중에서 전자는 여전히 더 이상 쪼개지지 않는 입자로 알려져 있는데, 원자핵은 다시 양성자와 중성자라는 것으로 더 잘게 쪼개집니다. 그리고 이 양성자와 중성자마저도 쿼크라는 더 작은 입자로 구성돼 있어요. 이렇게 더 이상 쪼개지지 않는 입자를 기본 입자라고 합니다. 즉 기본 입자는 과학이 발전하면서 계속 바뀔 수 있는 거죠.

이런 기본 입자들은 그 상태로만 존재하는 게 아니라 여러 힘에 의해 원자를 이루고, 또 우주 만물을 이룹니다. 과학은 원자를 이루는 여러 힘을 중력, 전자기력, 강한 상호작용, 약한 상호작용 네 가지로 규정하고 있죠. 우리는 전기와 자기의 힘을 합친 전자기력이나 중력에 대해서는 잘 알고 있는데, 강한 상호작용과 약한 상호작용이라는 용어는 좀 낯설죠. 그 이유는 이 두 가지 힘이 입자 단위에서 작용하는 힘이기 때문입니다. 강한 상호작용은 쉽게 말해 원자핵을 구성하는 입자들을 매우 강한 힘으로 모아주는 것으로, 앞서 말씀드린 네 가지 힘 중 가장 강한 힘입니다.

그리고 약한 상호작용은 입자의 붕괴에 관여하는 힘으로, 강한 상호작용, 전자기력 다음으로 강한 힘입니다. 원자핵 안에 있는 입자들은 이런 힘으로 인해서 역동적으로 상호작용하는데요. 이휘소 박사가 한 일이 이런 입자와 입자에 작용하는 힘에 관한 어려운 연구였습니다. 이휘소 박사는 1973년 당시 세계 최대의 입자 가속기가 있던 페르미 연구소의 이론물리학 부장으로 취임하게 됩니다. 입자 가속기는 새로운 입자를 탐색할 수 있는 장치입니다. 이미 쪼개질 대로 쪼개진 입자를 더 작게 쪼개는 건 웬만한 힘으로는 할 수 없습니다. 그래서 입자 가속기 안에서 엄청난 에너지로 입자들을 가속시켜서 충돌시킨 다음 새로운 입자를 만들고 찾아내는 거죠. 경주용 차가 긴 트랙을 전속력으로 달리게 한 다음 세게 쾅 부딪혀서 부서지게 하고 부서진 구성품들을 보는 것과 비슷하다고 생각하면 됩니다.

이 연구소의 직원이 1,000명 정도였는데, 입자 가속기 실험을 하려면 이휘소 박사의 승인을 반드시 받아야 할 정도로 책임이 막중한 자리로 부임한 겁니다. 여기서 이휘소 박사는 그전까지 발견하지 못했던 새로운 입자의 존재를 예견하는 논문을 내놓고 입자물리학 분야의 정점에 오르게 됩니다. 사실 이휘소 박사의 연구는 기본적으로 쉽지 않지만, 대표적인 연구 두 가지만 추려서 말씀드리려고 합니다.

첫 번째로 1972년에 발표한 〈게이지 이론의 재규격화〉에 관한 논문이 있었습니다. 무슨 말인지 이해하기 어렵죠? 간단히 말해 게이지 눈금 측정 기준이라는 뜻입니다. '분노 게이지 상승'이라고 말할 때의 게이지입니다. 게이지 이론은 입자들의 결합과 상호작용을 설명하는 표준 이론을 통합적으로 설명하는 틀입니다. 더 쉽게 말하면 자연에 존재하는 힘과 같은 상호 작용이 대칭성으로부터 유도된다는 것인데요. 어떤 물리 법칙이 있을 때 변화에 의해 상태가 바뀌어도 대칭성이 그대로 유지되면서 결과가 바뀌지 않는 것을 게이지 이론이라고 해요.

예를 들어 둥근 거울이 있다고 해봅시다. 이 거울을 계속 돌려도 그 거울은 그대로 둥글고, 우리는 거울을 봐도 이 거울이 돌아갔다는 사실을 모를 수 있다는 거죠.

그리고 '재규격화'는 게이지 이론을 계산 가능한 형태로 만들어 주는 수학적 변환이라고 보면 됩니다. 무한대로 나오는 결과를 물리적으로 유한한 값으로 바꾸는 작업이죠.

게이지 이론을 대중이 이해하기에는 굉장히 어렵기 때문에 이 이론이 왜 그렇게 중요한지 간단하게만 설명드리겠습니다. 물리학자들은 힘들이 다 따로따로 존재하는 게 아니라 어떤 식으로든 서로 연관이 되어 있으니 통일할 수 있겠다고 생각했습니다. 전자기력도 원래 전기와 자기가 서로 다른 건 줄 알았는데 '전자기력'이라는 하나의 힘으로 통합된 거거든요. 아인슈타인도 중력과 전자기력을 통일하려고 시도했지만 죽을 때까지 성공하진 못했죠. 이는 아직까지 아무도 성공하지 못했습니다.

그런데 이 게이지 이론에 따르면 두 가지 상호작용을 통합할 수 있습니다. 전자기력과 약한 상호작용을 한 번에 설명할 수 있죠. 그럼 우주의 기본 힘을 4개에서 3개로 줄일 수 있는 거예요. 심지어 강한 상호작용까지 거기에 통합할 수 있다고 하는데요. 그럼 우주의 힘이 중력과 나머지 힘, 이렇게 두 가지만 존재하는 겁니다.

이휘소 박사는 이런 게이지 이론의 가능성을 일찍 인식한 과학자였습니다. 그래서 전자기력과 약한 상호 작용을 하나로 통합하려고 했던 미국의 물리학자 스티븐 와인버그Steven Weinberg의 논문에 주목했죠. 그리고 이를 재규격화해서 정리하고 보완하자 이제야 다른 과학자들이 이 식을 이해하기 시작했습니다. 덕분에 그전까지 그렇게까지 조명받지 않았던 와인버그의 주장이 재조명될 수 있었죠.

결국 와인버그는 다른 2명의 물리학자와 함께 1979년 노벨물리학상을 수상했습니다. 그런데 이는 시작에 불과했습니다. 이휘소 박사의 제자였던 고 강주상 박사가 이휘소 평전을 집필했는데, 거기에 '노벨상 메이커'라는 표현이 나옵니다. 이휘소 박사의 연구 결과를 기반으로 노벨상을 받은 과학자가 더 있다는 거예요.

1999년에 노벨물리학상을 수상한 헤라르뒤스 엇호프트Gerardus 't Hooft와 마르티뉘스 펠트만Martinus Veltman도 마찬가지였습니다. 두 분은 전자기력과 약한 상호작용을 하나의 이론으로 통합한 전기 약 작용의 수학적 토대를 마련한 것으로 상을 받았는데요. 엇호프트는 수상소감 중 이휘소 박사 덕분에 자신들의 이론이 옳았다는 걸 입증할 수 있었다고 밝히기도 했죠. 이보다 20년 전에 노벨물리학상을 받은 스티븐 와인버그와 압두스 살람Abdus Salam 역시 자신들의 노벨상에 이휘소 박사의 기여가 있었다고 공개적으로 이야기했습니다. 이휘소 박사의 작업이 1979년과 1999년에 노벨상을 받은 두 논문을 연결하는 일종의 다리 역할을 했던 겁니다.

이게 끝이 아닙니다. 피터 힉스(Peter Higgs)라는 영국 물리학자가 1964년에 제안한 가상의 입자인 힉스 입자가 있는데요. 이 입자의 존재가 50년 만에 실험으로 입증돼서 피터 힉스도 2013년에 노벨상을 받았습니다. 이휘소 박사는 이 힉스 입자가 주목받는 데에도 결정적인 역할을 했습니다. 힉스 입자의 존재가 실험으로 입증되기 전까지 스티븐 호킹 같은 과학자도 그런 건 없다며 100달러 내기까지 했습니다. 이휘소는 그보다 훨씬 전에 이미 힉스 입자의 중요성과 질량까지 예측했죠. 이론과 실험 모든 방면에서 통찰력이 있는 분이었습니다.

그런데 이휘소 박사는 노벨상을 받지 못했습니다. 노벨상은 살아있는 사람에게만 주는데, 이분들이 상을 받을 때는 이미 이휘소 박사가 세상을 떠난 뒤였거든요. 그래서 이휘소 박사가 살아있었다면 노벨상을 받을 수 있었을 거라고 안타까움을 표시했죠.

물론 과학자들이 노벨상을 타기 위해서 연구를 하는 건 아닙니다. 하지만 그 힘들고 긴 연구의 공로를 노벨상이라는 사회적인 영예로 돌려주는 부분도 중요하기 때문에 안타까운 거죠.

그리고 이휘소 박사가 과학사에 남긴 큰 업적이 있습니다. 그가 페르미 연구소에 있던 시절에 연구한 건데요. 물리학의 가장 핫한 분야, 발견만 하면 노벨물리학상을 받을 가능성이 높다고 했던 쿼크에 대한 연구입니다.

쿼크는 더 이상 쪼개지지 않는 기본 입자 중 하나입니다. '참 쿼크'라고도 부르는데, '예쁘다'라는 의미의 '참(charm)'을 붙인 용어죠. 쿼크를 대략적으로 이해하기 위해 먼저 표준 모형을 보여드리겠습니다.

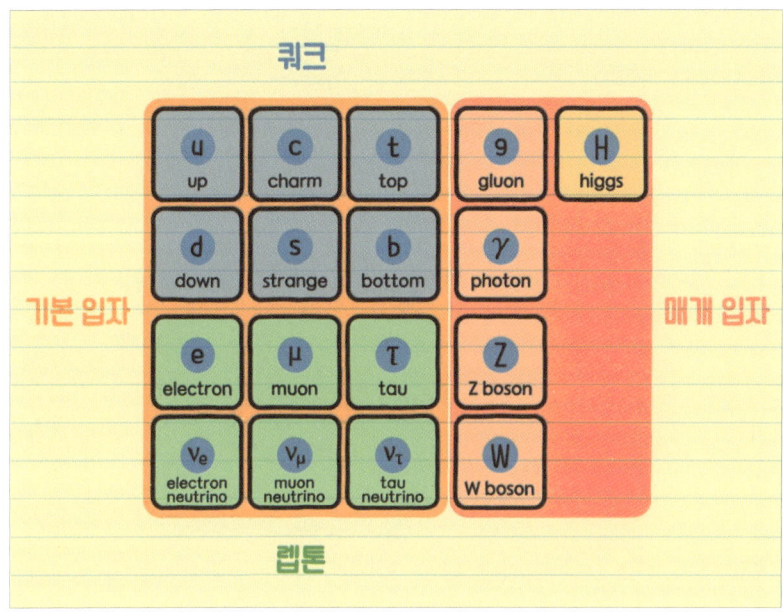

▲ 기본 입자의 표준 모형

표준 모형은 자연계를 구성하는 기본 입자와 이들 사이의 상호작용을 설명하는 현대 물리학의 근간이 되는 이론입니다. 입자들이 정리된 모습이 암호를 나열해둔 것처럼 복잡해 보이죠?

자연계 입자들은 기본 입자와 매개 입자로 이루어집니다. 기본 입자는 네 가지 상호작용을 모두 할 수 있는 쿼크와 세 가지 상호작용만이 가능한 렙톤이 있습니다. 이 중 쿼크는 강한 상호작용이 가능하기 때문에 서로 합쳐져서 다른 입자를 만들 수 있는데요. 양성자와 중성자는 쿼크 3개가 합쳐져서 만들어진 대표적인 입자입니다.

매개 입자는 네 가지 상호작용을 매개해주는 입자로, 중력, 전자기력 약한 상호작용, 강한 상호작용마다 각각의 매개 입자가 존재합니다. 피터 힉스가 제안하고 이휘소 박사가 이름을 붙인 힉스 입자도 표준 모형을 보면 뭔지 알 수 있는데요. 17개의 입자 중 비교적 최근에 발견된 거예요.

이휘소 박사의 연구를 이해하려면 쿼크에 집중해야 합니다. 쿼크를 자세히 보면 '업, 다운, 탑, 바텀, 스트레인지, 참'으로 6가지 종류가 있는데요. 이휘소 박사가 활동하던 시기에는 쿼크가 업, 다운, 스트레인지까지 3개만 있었습니다. 그러다가 참 쿼크라는 게 존재한다는 가설이 등장했죠. 이휘소 박사는 당시에 없던 참 쿼크를 찾는 방법을 담은 논문을 발표했습니다. 1974년에 발표한 〈참 입자의 탐색〉이라는 논문인데요. 참 입자는 참 쿼크를 포함한 입자를 말합니다. 매우 획기적인 연구 결과를 담고 있어서 많은 물리학자들이 이 논문을 너도나도 인용하기 시작했죠. 이 논문은 참 입자를 발견해 내기 위한 실험들의 이정표 역할을 했습니다. 그리고 이 논문이 나온 지 불과 2개월 후에 다른 2명의 과학자가 참 입자를 발견했죠. 또 참 입자를 구성하는 참 쿼크의 질량이 이휘소 박사가 예측한 범위 안에 있었다는 것까지 밝혀졌습니다.

이 일로 이휘소 박사는 입자물리학 분야에서 최정점에 올라선 학계의 리더 같은 학자가 됐습니다. 그리고 이 참 입자를 발견한 2명의 과학자는 1976년에 노벨물리학상을 수상했어요. 곳곳에 이휘소 박사의 손길이 있었죠. 이휘소 박사는 참 쿼크 말고도 표준 모형에 나오는 힉스 보손이나 W보손, 중성미자에 대한 연구도 남기며 표준 모형이 만들어지는 데 크게 기여했습니다.

그런데 여러분, 왜 과학자들이 세상을 구성하는 가장 작은 입자인 기본 입자 찾기에 매달렸는지 궁금하지 않나요? 그건 바로 우주의 비밀을 풀기 위해서였습니다. 우주가 어떤 재료들로 만들어졌는지 알아야 우주에 대해 제대로 설명할 수 있기 때문이죠. 최소 단위를 알면 우주의 전체 구조를 이해할 수 있고, 수많은 복잡한 현상을 단순한 원리로 설명할 수도 있겠죠. 더 나아가 우주의 미래도 예측해서 더 깊은 세계로 나아갈 수도 있습니다. 그래서 더 작은 입자를 찾는 과학자들의 도전은 앞으로도 계속될 겁니다. 지금은 표준 모형의 입자가 17개지만 여기서 더 추가될 가능성도 충분히 있는 거죠.

여기까지 이휘소 박사가 남긴 업적들을 알아봤는데요. 당시 여러 가지 이유로 우리나라에서 연구를 이어나가지 못했지만, 우리가 충분히 자랑스러워할 만한 과학자였다는 걸 기억하면 좋겠습니다. 이휘소 박사에 대한 소개를 그가 생전에 남긴 말로 마무리하겠습니다.

> 누가 자연에 대한 지식을 알게 되었는가는 결국 사람들의 기억에서 사라질 것입니다.
> 그러나 한 시대, 한 국가가 이룩한 영감과 성취는 기억에 남을 것입니다.

이름을 알리는 것보다는 후대를 위한 과학적 유산을 남기는 게 더 중요했다고 생각한 사람, 이휘소였습니다.

출신의 아픔을 디딘 우장춘

다음 과학자를 소개할 시간입니다. 아마도 '한국의 과학자' 하면 여러분이 가장 익숙하게 떠올릴 이름인데요. 오늘의 두 번째 주인공은 대한민국 농업의 아버지, 우장춘 박사입니다.

우장춘 박사 하면 씨 없는 수박을 떠올리는 분들이 많을 겁니다. 우장춘 박사는 한국 농업에 남긴 업적만큼이나 인생사의 굴곡이 많았던 분이죠. 우장춘 박사는 1898년 일본에서 태어났습니다. 아버지는 한국인, 어머니는 일본인이었죠. 우장춘 박사는 아버지를 따라서 한국 국적을 갖고 있었지만 일본에 살았는데, 그가 일본에서 나고 자라게 된 데는 비극적인 사연이 있었습니다. 그의 아버지인 우범선이 친일파였기 때문이었죠.

우범선은 일본이 명성황후를 시해한 사건인 을미사변의 주범입니다. 그는 을미사변 당시 일본식 군대인 별기군의 고위급 인사였는데요. 을미사변이 일어나던 날 궁의 경비 책임자였는데도 자진해서 일본 자객들에게 문을 열어줬습니다. 그 후 일본으로 망명했고, 아들인 우장춘 박사도 일본에서 태어나게 된 거죠.

여기까지 들으면 우장춘 박사가 친일파의 후손이라 비호감이라고 느껴질 수도 있습니다. 그런데 우장춘 박사는 아버지와 같은 길을 걷지 않았습니다. 아버지가 조국에 진 빚을 갚기 위해 대한민국 농업에 헌신했죠. 일본 정부가 창씨개명을 하라고 강요하자 거절했고, 이 때문에 20년간 근무하던 직장에서 쫓겨나기도 했습니다. 한국에선 친일파라는 이유로 미움받고 일본에선 한국인이라는 이유로 차별받은 겁니다. 거기다 그의 아버지는 우장춘이 5세 때 일본에서 온 조선인 자객에게 피살됐습니다. 어머니는 남의 집에 얹혀살았죠. 어린 나이에 아버지를 잃은 우장춘은 가난하고 불우한 어린 시절을 보내야 했습니다. 우장춘은 고아원에 맡겨져 자랐는데, 평생 먹을 감자를 고아

원에서 다 먹어서 성인이 된 이후로는 감자를 먹지 않았다고 합니다.

가난과 국적은 학창 시절에도 우장춘의 발목을 잡았습니다. 우장춘은 공학을 전공하고 싶어서 도쿄제국대학의 공학부에 지원했는데, 조선 총독부의 관비 유학생이 되어 학비를 마련하려고 했습니다. 그런데 조선총독부가 장학금을 주는 조건으로 공학부가 아닌 농학을 배우는 농과대학에 가라고 지시했죠. 조선인이 과학 분야에 종사하지 못하도록 한 겁니다. 당시 농과대학은 학술기관이라기보다 전문대학에 가까웠습니다. 농업기술자를 양성하는 학원 같은 곳이었죠. 그래서 우장춘은 원했던 전공을 포기하고 농과대학에 진학하게 됩니다.

대학을 졸업한 다음, 당시 농학자에게 최고의 직장으로 꼽히는 국립농사시험장에 입사했고, 본격적으로 유전학 연구에 돌입하는데요. 여기서도 전문학교 출신의 조선인이라는 이유로 차별을 받았습니다. 아무리 대단한 성과를 내도 기피 부서에만 배정이 된 거죠. 우장춘은 이 모든 불이익 속에서 박사학위 논문에 매진했습니다. 박사학위를 받으면 출신이라는 장벽을 극복할 수 있을 거라고 생각했거든요.

그런데 안타까운 일이 벌어졌습니다. 논문 제출 하루 전날 우장춘이 일하던 곳에서 불이 나서 우장춘이 연구한 자료들부터 열심히 쓴 논문까지 다 불에 타버렸습니다. 수년간의 노력이 한순간에 잿더미가 된 거죠.

하지만 우장춘은 포기하지 않았습니다. 원래 썼던 논문 주제가 아닌 유채꽃 연구를 시작했죠. 6년 뒤, 38세에 이 내용을 담은 논문으로 그토록 기다렸던 박사학위를 받았습니다. 그리고 더 중요한 건 이 논문이 우장춘을 세계적인 육종학자로 만들었다는 겁니다. 바로 우장춘 박사를 대표하는 업적 '종의 합성'입니다.

종의 합성은 진화의 새로운 관점을 제시했는데요. 한마디로 이야기하면 식물에서 서로 다른 종이 자연 상태에서 교배해 새로운 종이 탄생할 수 있다는 걸 밝혀낸 겁니다. 당연한 거라는 생각이 들 수도 있는데, 그건 우리가 종의 합성이 만연한 현대를 살고 있기 때문입니다. 우장춘 박사가 살던 시대에는 서로 다른 종끼리 교배하면 교잡종이 탄생할 뿐, 새로운 종이 탄생하지는 않는다는 게 정설이었어요. 그런데 이걸 우장춘 박사가 깨뜨린 거죠.

그럼 우장춘 박사는 이를 어떻게 알아냈을까요? 먼저 우장춘 박사는 배추와 양배추를 교배시켰습니다. 배추와 양배추는 비슷해 보이지만 같은 종이 아닙니다. 이렇게 서로 다른 종을 교배시키면 동물의 경우에는 보통 생식 능력이 없는 자손이 태어나는 경우가 많습니다. 그럼 식물은 어땠을까요? 우장춘 박사는 서로 종이 다른 배추와 양배추를 교배시켜서 번식이 가능한 잡종 유채를 만들었습니다. 제주도의 명물로 알려진 유채꽃의 유채가 맞습니다. 배추, 양배추, 유채가 어떻게 유전학적으로 얽혀 있는지 실험으로 증명해 낸 거죠.

또 우장춘 박사는 배추와 흑겨자를 교배하면 갓김치에 들어가는 갓이 되고, 양배추와 흑겨자를 교배하면 에티오피아 겨자를 만들 수 있다는 것도 증명했습니다. 우장춘 박사는 이렇게 배추, 양배추, 흑겨자가 이리저리 조합되어 유채, 갓, 에티오피아 겨자라는 새로운 종이 만들어지는 과정을 삼각형 모양의 도식으로 표현했습니다. 이것이 그 유명한 종의 합성 이론인 '우의 삼각형'입니다. '우'는 우장춘 박사의 성을 딴 거죠.

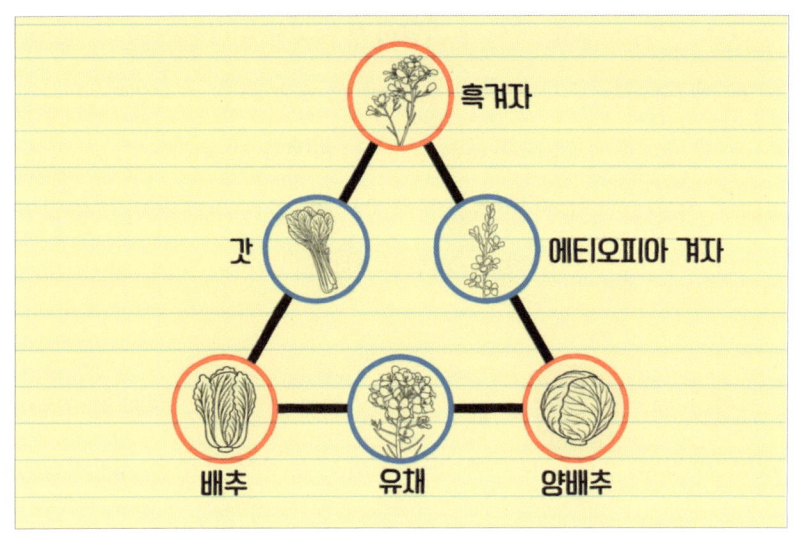

▲ 식물의 조합과 진화를 설명하는 우의 삼각형

　이건 생물학계에서 기념비적인 연구였는데, 6강에서 소개했던 찰스 다윈의 〈종의 기원〉에서 밝힌 진화론에서 부족했던 점을 우장춘 박사가 보완한 거거든요. 다윈은 환경에 적응해서 살아남은 것만이 새로운 종을 이룬다고 주장했는데, 이때까지는 다윈의 주장이 정설이었습니다. 그런데 우장춘 박사가 적어도 식물에서는 서로 다른 종의 교배를 통해서도 새로운 종이 나타날 수 있다는 진화의 새로운 메커니즘을 제시한 겁니다. 그래서 종의 합성 이론은 지금까지도 육종학의 초석이 되고 있죠.

　우장춘 박사는 이 이론으로 스웨덴 왕립협회에서 선정한 세계 10대 육종학자 대열에 올랐습니다. 우장춘 박사가 조금만 더 오래 살았더라면 이 연구로 노벨상을 받았을 거라는 이야기도 심심치 않게 나왔을 정도였죠.

씨 없는 수박, 우장춘 박사가 개발하지 않았다?

그런데 우리는 우장춘 박사가 종의 합성 이론을 만들었다는 사실은 잘 모릅니다. 다들 씨 없는 수박을 개발한 인물로만 알고 있죠. 그런데 이는 오해입니다. 우장춘 박사는 씨 없는 수박을 만들지 않았습니다. 씨 없는 수박을 만든 사람은 일본의 유전학자 기하라 히토시였죠.

그런데 왜 우장춘이 씨 없는 수박을 개발한 것으로 잘못 알려졌을까요? 우장춘 박사는 나중에 한국에 와서 농작물 품종을 개량하려고 혼신을 다했는데요. 문제는 우리나라 농민들이 인위적인 품종 개량에 대해 거부감과 경계심이 있었다는 겁니다. 아무리 우량 품종을 개발해도 농민들이 농사를 짓지 않으면 소용이 없겠죠.

그래서 우장춘 박사가 새로운 종자에 대한 직관적인 홍보를 하기 위해 이런 씨 없는 수박 만들기를 시연한 겁니다. 인위적으로 생식 능력을 없애서 씨앗을 만들지 못하는 수박을 만들어 내고 시식회도 열었죠. 덕분에 우장춘 박사가 헐값으로 개량된 종자를 나눠줘도 믿지 않던 사람들의 인식이 조금씩 변하게 됐습니다. 씨 없는 수박은 과학적 원리를 일일이 설명하지 않아도 누구나 알 수 있을 만큼 결과가 명확하게 보이니까요. 씨가 없어서 편하게 먹을 수 있다니, 얼마나 깔끔합니까? 정리하면 우장춘 박사는 씨 없는 수박을 만든 게 아니라, 일본에서 개발된 걸 국내에 전파한 사람인 겁니다. 이를 통해 대한민국 농업의 발전에 도움이 되고 싶었던 거죠.

한국 농업 발전에 기여하다

그런데 일본에 있던 우장춘은 어쩌다 한국으로 와서 농업 발전에 기여한 걸까요? 1945년 대한민국이 광복을 맞은 게 계기였는데, 해방 이후 한국은 엄청난 빈곤과 식량난에 허덕였습니다. 좋은 종자를 심어서 농산물 생산량을 늘려야 하는 상황이라 세계적인 육종학자로 꼽히던 우장춘에게 도움을 요청한 거죠. 우장춘 박사 환국촉진위원회까지 만들어졌습니다.

하지만 일본은 우장춘을 한국에 보내기 싫어했고, 우장춘 박사는 무단 출국까지 시도하다 걸려서 조선인 수용소 감옥까지 들어갔습니다. 그렇게 우여곡절 끝에 1950년 30년의 연구 성과를 가지고 어렵게 한국으로 귀국할 수 있었습니다.

귀국하던 날 우장춘 박사는 이런 소감을 남겼습니다.

> 이제껏 어머니의 나라에서 일본인 못지않게 노력해 왔습니다.
> 지금부터 아버지의 나라 한국을 위해 최선을 다하고 이 나라에 뼈를 묻겠습니다.

친일파의 자녀인 우장춘 박사가 한국에 오기로 한 건 상당히 어려운 결심이었겠죠. 그럼에도 우장춘 박사는 아버지가 저지른 과오를 갚기 위해 노력했습니다.

한국에 온 우장춘 박사는 그 어떤 직책도 욕심내지 않고 오직 농업 연구에만 몰두했습니다. 농림부 장관으로 임명하려 했던 대통령의 뜻도 거절하고 한국 농업과학연구소의 소장으로 취임했죠. 직원 12

명이 전부인 작은 연구소였는데, 이름만 연구소지 전기도 수도도 없는 열악한 환경이었습니다.

하지만 이런 상황 속에서도 우장춘 박사는 우수한 채소 품종을 만들고 대량 생산하는 데 성공했습니다. 먼저 한국인의 주식인 김치에 들어가는 배추와 무 종자를 만들었는데, 그전까지 얇고 부실한 배추를 먹고 있던 한국인들에게 속이 꽉 차고 잎이 두꺼운 배추 종자를 선물했죠. 봄동처럼 쫙 펼쳐진 게 아니라 속이 꽉 찬 결구 배추를 개발한 겁니다. 이 배추는 반도체와 함께 우리 생활을 바꾼 과학 기술 70선에도 올라 있어요.

지금 우리가 제주산 귤을 흔하게 먹을 수 있는 것도 우장춘 박사 덕분인데요. 제주도를 시찰한 후, 귤을 재배하기에 딱 좋은 환경이라고 판단했다고 합니다. 그래서 제주도에서 감귤 농사가 시작됐죠. 우장춘 박사는 귤처럼 비타민이 풍부한 과일을 먹을 수 있게 되면 국민의 건강에 도움이 될 거라고 생각했다고 합니다.

또 강원도 감자에도 우장춘 박사의 공이 묻어 있습니다. 당시 강원도에서는 바이러스가 한번 창궐하면 감자 농사가 거의 전멸하다시피 했는데요. 우장춘 박사는 이러한 감자를 병충해에 강한 감자로 개량했습니다. 그 덕분에 한국전쟁 이후에 식량난을 해소하는 데 큰 도움이 됐습니다. 매국노의 아들이었던 우장춘이 가난과 기근을 물리친 영웅이 된 거죠.

그럼에도 우장춘 박사는 친일파인 아버지의 굴레를 벗는 게 쉽지 않았습니다. 한국어를 잘 못하고 한국 문화에 익숙하지 않아서 친일파로 의심받았고, 정부 수사기관에서도 항상 우장춘 박사를 요주의 인물로 주시했죠. 일본 출국도 허락되지 않아서 어머니가 사망했을 때도 일본에 갈 수 없었고, 그의 딸이 결혼식을 할 때도 갈 수 없었습니다.

  늘 이방인처럼 살아온 우장춘 박사가 정식으로 조국의 인정을 받은 건 세상을 떠나기 직전이었습니다. 우장춘 박사는 연구에 대한 집념으로 쉬는 날도 없이 일하다가 몸이 완전히 상해버렸는데요. 귀국한 지 9년 만에 십이지장 궤양으로 수술을 세 번이나 받았습니다. 그러다 1959년 8월 7일, 병실에 있던 우장춘 박사에게 농림부 장관이 찾아왔습니다. 농업을 개척한 공로로 대한민국 문화 포장을 수여하러 온 거였죠. 건국 이래 우장춘 박사가 두 번째 수상자였습니다. 첫 번째는 애국가를 작곡한 안익태 선생님이었어요. 그날 우장춘 박사는 눈물을 흘리며 이런 말을 남겼다고 합니다.

  고맙습니다. 나의 조국이 드디어 나를 인정해 주었군요. 기쁩니다.

  그리고 3일 뒤, 우장춘 박사는 향년 61세에 눈을 감았습니다. 귀국할 때의 약속대로 조국에 뼈를 묻었죠. 우장춘 박사가 우량 종자를 개발하고 한국에 보급한 덕분에 우리는 일본으로부터 종자 독립을 이룰 수 있었죠. 그리고 우리 식탁 풍경도 달라졌습니다. 우장춘 박사가 아니었더라면 우리가 지금 같은 김치를 먹을 수 있었을까요?

  마지막으로 한국계 과학자 두 분을 소개해 봤는데요. 두 사람은 현재 한국 과학기술인 명예의 전당에 함께 올라 있습니다.

  사실 이번 편에서 다루고 싶은 분들이 참 많았습니다. 이원철, 이

태규, 정길생, 석주명, 최순달 등 다 언급하기 어려울 정도로 많았는데요. 제가 만약 나의 두 번째 교과서 시즌 3으로 찾아뵐 수 있다면 그때는 과거와 현재 우리나라 과학자들을 만나보는 것도 뜻깊을 것 같습니다.

이휘소와 우장춘 박사를 생각해 보면 우리나라가 이렇게 위대한 과학자들을 더 많이 품을 수 있는, 지금보다 더 좋은 과학 환경을 만들어 나갔으면 하는 마음이 드는데요. 사실 과학에 대한 적극적인 투자와 지원에는 전국민적인 공감대가 필수겠죠. 앞으로도 과학에 대한 많은 관심을 부탁드립니다.

궤도의 다시 만난 과학자

1판 1쇄 발행 2025년 9월 16일
1판 2쇄 발행 2025년 10월 31일

저 자 | 궤도
기 획 | EBS 제작팀
발 행 인 | 김길수
발 행 처 | ㈜영진닷컴
주 소 | (우)08512 서울 금천구 디지털로9길 32
         갑을그레이트밸리 B동 10층 ㈜영진닷컴
등 록 | 2007. 4. 27. 제16-4189호

©2025. ㈜영진닷컴

ISBN | 978-89-314-8078-8

이 책에 실린 내용의 무단 전재 및 무단 복제를 금합니다.
파본이나 잘못된 도서는 구입하신 곳에서 교환해 드립니다.

YoungJin.com Y.